多尺度变分渐近法及其在复合材料结构分析中的应用

钟轶峰　著

科 学 出 版 社

北 京

内 容 简 介

本书将变分渐近均匀化扩展到具有复杂微结构的复合材料结构性能的多尺度分析中。主要分析以下问题：①最大化选择代表性结构单胞 (RSE) 的灵活性；②FRP 层合梁三维局部场的精确重构；③从 RSE 分析得到波纹板的等效刚度；④复合材料夹芯板有效性能的多尺度模型；⑤考虑非经典效应的复合材料箱梁静动态分析。这些问题涵盖了复合材料结构在实际工程中应用的一些重要课题。

本书是变分渐近法三部曲的最后一部，前两部为《变分渐近均匀化理论及在复合材料细观力学中的应用》和《变分渐近理论及在复合材料结构性能分析中的应用》。本书既可作为高等工科院校力学专业的教材或教学参考书，也可供从事复合材料结构性能研究的技术人员参考。

图书在版编目(CIP)数据

多尺度变分渐近法及其在复合材料结构分析中的应用/钟轶峰著. —北京:科学出版社, 2021.3
ISBN 978-7-03-063578-5

Ⅰ.①多… Ⅱ.①钟… Ⅲ.①复合材料–结构性能–分析方法 Ⅳ.①TB33

中国版本图书馆 CIP 数据核字 (2019) 第 273844 号

责任编辑：朱小刚/责任校对：彭 映
责任印制：罗 科/封面设计：墨创文化

科学出版社 出版
北京东黄城根北街16号
邮政编码：100717
http://www.sciencep.com

四川煤田地质制图印刷厂印刷
科学出版社发行 各地新华书店经销

*

2021 年 3 月第 一 版 开本：B5 (720×1000)
2021 年 3 月第一次印刷 印张：10 1/2
字数：200 000

定价：**99.00 元**
(如有印装质量问题,我社负责调换)

前　　言

　　复合材料具有质量轻、可设计性强、力学性能和物理性能良好等特点，在航空航天、机械、土木工程领域有广泛的应用。复合材料具有典型的非均质性和各向异性，工程界对复合材料及其结构在复杂条件下的性能表征需求日趋迫切。对复合材料及结构进行多尺度建模与计算，可以更加快速准确地表征复合材料结构的性能并预报其在一定工况下的响应规律，为依赖于微结构的材料性能优化提供有力的支持，可以基于多尺度计算，在材料制备前进行加工工艺和微结构设计。

　　在众多跨尺度计算方法中，多尺度变分渐近分析方法是一种适用于周期性构造复合材料性能表征与结构分析的通用、高效、精确的方法。其基本思想是：材料性能的计算和预测沿着从细观到宏观这一过程，采用均匀化方法，由细观尺度下的代表性结构单胞(representative structural element，RSE)计算出宏观材料的均匀化性能参数；而结构物理、力学行为的计算与预测是从宏观平均场方程出发，利用变分渐近展开技术，计算出宏观尺度下的物理、力学量。

　　本书基于多尺度变分渐近法分析以下问题：①最大化选择 RSE 的灵活性；②FRP(fiber reinforced polymer，纤维增强聚合物)层合梁三维局部场的精确重构；③从 RSE 得到波纹板的等效刚度；④复合材料夹芯板有效性能的多尺度模型；⑤考虑非经典效应的复合材料箱梁静动态分析。在结构分析中获得宏观应力、应变场的同时，又能获得细观应力、应变场，为复合材料结构的优化设计和损伤分析打下良好的基础，研究结果具有重要的理论意义和工程应用价值。

　　本书的主要内容已对重庆大学土木工程学院等有关专业的研究生讲授过十几遍，收到良好效果。在编写过程中还得到了教研室教师的大力支持，在此向他们表示衷心的感谢。

　　本书由钟轶峰执笔，罗丹、施政、彭啸等研究生参加了编写工作。

　　由于作者水平有限，书中难免存在不足之处，恳请广大同行和读者指正。

目　　录

第1章 绪　　论

1.1　研　究　背　景

复合材料结构是指由两种或两种以上不同物质以不同方式组合而成的结构，它可以发挥各种材料的优点，克服单一材料的缺陷，扩大材料的应用范围。复合材料结构或构件以其优异的性能已被广泛应用，近现代复合材料最早应用于航空、航天领域，自美国在二战中把玻璃纤维增强复合材料成功应用在军事上之后，复合材料的发展应用已历经了四个阶段：20 世纪 40 年代到 60 年代，是玻璃纤维增强塑料快速发展的时代，这是复合材料发展的第一个阶段；20 世纪 60 年代到 80 年代，是现代复合材料的发展时期，可以称为复合材料发展的第二个阶段；从 20 世纪 80 年代到 90 年代，是纤维增强金属基复合材料的时代，是复合材料发展的第三个阶段；1990 年以后，是复合材料发展的第四个阶段，主要方向是多功能复合材料。

随着科学技术的发展，现代技术要求材料具有可组合属性，这是传统单相材料无法满足的。例如，航空航天中结构材料要求强度高、刚度大、低热膨胀率、耐磨、抗冲击和密度低，直接推动了复合材料和具有工程微结构的材料发展。材料组分的合理组合可为不同构件提供所需要的属性。常见的复合材料包括多相金属合金、高分子材料和陶瓷，工程结构包括波纹板、加劲结构、夹层结构等。这些材料或结构具有高度的非均匀性和复杂性，在前沿产业中占有突出的地位，需要进行准确有效的分析。

虽然复合材料中的增强相含量很小，但其长度比原子间距的特征长度大得多，因此仍可以在连续介质力学框架下分析其异质性行为，忽略其离散性不会产生显著误差。在施加载荷作用和适当约束下对复合材料进行线性静力分析的三维方程共 15 个，包括 6 个物理方程、3 个平衡方程和 6 个本构方程。通过本构方程，可将应力用应变表示；物理方程将应变表示为位移的函数；通过将物理方程和本构方程代入平衡方程，可将位移分量作为控制微分方程中唯一的未知数。

边界条件下的控制方程直接求解非常困难，有限元分析（finite element analysis，FEA）作为一种数值方法，可用于求解适当边界条件下偏微分方程的近似解，能够处理复杂的几何形状和边界。有限元法可以直接分析工程中的实际问题，但效率不高。若每个构件均单独用细网格划分，则建立的有限元模型将不可避免地产生大量自由度。以复合材料板为例，在不进行任何简化的情况下，选择三维有限元分析该问题。板平均长度为 250mm，纤维平均直径为 15.7μm，这意味着沿着长度方向至少需要 16000 个单元来捕捉材料的差异。如果可以从复合材料组分属性中得到等效三维材料属性，并将其分配给网格划分比较粗糙的虚拟均匀结构（如沿长度方向划分 50 个单元），可在很大程度上简化问题，大大节省计算量。此外，如果考虑板的厚度远小于宽度和长度，可以将等效的二维板刚度应用于复合材料板，分析效率更高。即将等效属性应用于结构分析，能够节省计算时间，获得较为准确的全局结构行为。

均匀化的第一步是从原结构确定代表性结构单胞(representative structural element，RSE)。从严格周期性非均匀复合材料中选择 RSE 相对容易和简单，但不是所有的复合材料都具有周期性 RSE，实际上，大多数复合材料的结构都是非周期性的。然而，当确定采用细观力学模型得到有效属性时，已经做出了潜在假设，即存在构建单元的 RSE。这样，纤维增强复合材料可以分解为重复构建单元，并且波纹板和复合材料夹芯板也可以通过重复 RSE 构建。尽管复合材料与工程结构在尺度上存在差异，但从数学上讲，周期参数可以看成快速振荡变量，结构的全局行为可以看成慢变量。

具有快速振荡变量的初始偏微分方程可以由具有均匀变量的常变量偏微分方程代替。为求解这些常变量(即有效材料属性)，可以通过能量泛函的渐近扩展建立 RSE 的变分表达式。对于实际问题，RSE 结构通常非常复杂，需使用有限元等技术得到数值解。若需求解 RSE 内的局部场，则应根据全局行为构建适当的模型，准确重构局部场。需要注意的是，这种方法只在特征波长远大于 RSE 尺寸时才是正确的，且在复合材料边界附近时，该方法失效。

1.2 研 究 现 状

1.2.1 多尺度模拟与计算

"多尺度"本身就暗含"分级(hierarchical)"思想，即多尺度模型表示为逐尺度逐层次的形式，这个过程又称为多尺度分解。细观尺度至宏观尺度主要的模拟方法如下。

1. 严格界限法

在获得准确的均匀化结果之前，严格界限法提供了有限微结构信息下有效属性的估计。严格的上限和下限是有效的，因为：①给出了有效属性的界限；②当提供更多的微结构信息时，界限可变窄；③上、下界限之一通常可以提供相对准确的有效属性估计；④给出了如何在计算机模拟或实验中选择不同相位和微结构拓扑的线索。Nemat-Nasser 和 Hori(1993)研究表明，对于任何一般边界条件，弹性应变能和余能分别对应于下限和上限。

1）Voigt 和 Reuss 界限

Voigt 上限和 Reuss 下限是最基本、最简单的界限，可以看成一阶界限，因为只需要代表组分体积分数的一点相关函数的信息。它们分别假设非均匀材料的应力和应变是均匀的，只考虑体积分数的影响。根据各向同性体积模量(K)、剪切模量(G)、体积分数(f)，这些界限可以表示为

$$\bar{K}^+ = \langle K \rangle = K_a f_a + K_b f_b, \qquad \bar{G}^+ = \langle G \rangle = G_a f_a + G_b f_b$$
$$\bar{K}^- = \left\langle \frac{1}{K} \right\rangle = \frac{f_a}{K_a} + \frac{f_b}{K_b}, \qquad \bar{G}^- = \left\langle \frac{1}{G} \right\rangle = \frac{f_a}{G_a} + \frac{f_b}{G_b} \tag{1.1}$$

式中，$f_a + f_b = 1$，下标 a 和 b 分别表示两相复合材料。

2）Hashin-Shtrikman 界限

Hashin 和 Shtrikman(1962)基于变分原理对极化场标量函数的梯度给出解析解，得到更好的界限。变分界限法基于最小能量原理，在没有提供非均匀性的几何或统计信息情况下，可以获得全局弹性行为的最佳估计。使用与 Voigt 和 Reuss 界限相同的符号，进一步假设 $K_b > K_a$ 和 $G_b > G_a$，则有

$$\bar{K}^+ = K_b + \frac{f_a}{\frac{1}{K_a - K_b} + \frac{3f_b}{3K_b + 4G_b}}, \qquad \bar{G}^+ = G_b + \frac{f_a}{\frac{1}{G_a - G_b} + \frac{6(K_b + 2G_b)f_b}{5G_b(3K_b + 4G_b)}}$$
$$\bar{K}^- = K_a + \frac{f_b}{\frac{1}{K_b - K_a} + \frac{3f_a}{3K_a + 4G_a}}, \qquad \bar{G}^- = G_a + \frac{f_b}{\frac{1}{G_b - G_a} + \frac{6(K_a + 2G_a)f_a}{5G_a(3K_a + 4G_a)}} \tag{1.2}$$

3）三阶界限和高阶界限

非均匀材料的物理属性高度依赖于组分的分布和取向，据此，Silnutzer(1972)和 Milton(1981)通过补充的微观几何信息得到改进界限。Silnutzer 界限涉及三点相关函数的积分，称为三阶界限。Milton 界限涉及四点相关函数的积分，称为四阶界限。尽管三阶界限和四阶界限之类的高阶界限是对低阶界限的改进，但是它们随着构成组分属性对比度的增加而有所不同。Torquato(1991)提出了系统表示 n 点相关函数的理论形式，其中使用无限集合 $S_1, S_2, S_3, \cdots, S_n$ 来捕捉微结构的特征，以得到更严格的界限；他还讨论了获得多点相关函数数值和实验的困难。最低阶是单点相关函数，它代表了经典均匀化方法中常用的相体积分数，以捕捉材料的非均匀性。为考虑材料的非均匀形态，需要引入更高阶概率函数。Berryman 和 Berge(1996)推导了在各种情况下寻找三点相关函数以计算三阶界限的有效方法。含随机分布密闭球体夹杂的 Torquato 三阶界限可以表示为

$$\bar{K}^+ = \langle K \rangle - \frac{3f_a f_b \left(K_a - K_b\right)^2}{3\langle \tilde{K} \rangle + 4\langle G \rangle_\zeta}, \quad \bar{G}^+ = \langle G \rangle - \frac{3f_a f_b \left(G_a - G_b\right)^2}{\langle \tilde{G} \rangle + \theta}$$

$$\bar{K}^- = \langle K \rangle - \frac{3f_a f_b \left(K_a - K_b\right)^2}{3\langle \tilde{K} \rangle + 4\langle 1/G \rangle_\zeta}, \quad \bar{G}^- = \langle G \rangle - \frac{f_a f_b \left(G_a - G_b\right)^2}{\langle \tilde{G} \rangle + \tau}$$

$$(1.3)$$

式中

$$\theta = \frac{2\langle K \rangle_\zeta \langle G \rangle^2 + \langle K \rangle^2 \langle G \rangle_\eta}{\langle K + 2G \rangle}, \quad \tau = \frac{1}{2\left\langle \dfrac{1}{K} \right\rangle_\zeta + \left\langle \dfrac{1}{G} \right\rangle_\eta} \tag{1.4}$$

角括号定义为

$$\langle \cdot \rangle = (\cdot)_a f_a + (\cdot)_b f_b, \quad \langle \tilde{\cdot} \rangle = (\cdot)_a f_b + (\cdot)_b f_a$$

$$\langle \cdot \rangle_\zeta = (\cdot)_a \zeta_a + (\cdot)_b \zeta_b, \quad \langle \cdot \rangle_\eta = (\cdot)_a \eta_a + (\cdot)_b \eta_b \tag{1.5}$$

式中，参数 ζ_a、ζ_b 和 η_a、η_b 定义为

$$\zeta_b = 0.21068 f_b - 0.04693 f_b^2 + 0.00247 f_b^3, \quad \eta_b = 0.4827 f_b$$

$$\zeta_a = 1 - \zeta_b, \quad \eta_a = 1 - \eta_b \tag{1.6}$$

从这些方程可以看到，三阶界限取决于从三点相关函数得到的四个附加几何参数 ζ_a、ζ_b 和 η_a、η_b。

4) 双变分原理

基于双变分原理可得到应变能形式的不等式，从而得到相应的上限和下限。双变分原理的要点是构建具有双变量 (u, v) 的函数，作为最小值和最大值问题之间的联系。考虑最小值问题，则

$$\breve{I} = \min_{u \in M} \max_{v \in N} \Phi(u, v) \tag{1.7}$$

式中，$\breve{I}$ 为变分问题的解；u、v 为双变量。

假设式 (1.7) 中的最小值和最大值的顺序可以改变，即

$$\breve{I} = \max_{v \in N} \min_{u \in M} \Phi(u, v) \tag{1.8}$$

定义

$$I(u) = \max_{v \in N} \Phi(u, v), \quad J(v) = \min_{u \in M} \Phi(u, v) \tag{1.9}$$

那么最小值和最大值问题

$$\breve{I} = \min_{u \in M} I(u), \quad \breve{I} = \max_{v \in N} J(v) \tag{1.10}$$

可定义为双变分问题。因此，得到一个估计：

$$J(\tilde{v}) \leqslant \max_{v \in N} J(v) = \breve{I} = \min_{u \in M} I(u) \leqslant I(\tilde{u}) \tag{1.11}$$

式中，$\tilde{v}$ 和 $\tilde{u}$ 分别是域 N 和 M 中的任意值，所以严格界限可以表示为

$$J(\tilde{v}) \leqslant \breve{I} \leqslant I(\tilde{u}) \tag{1.12}$$

界限的固有特征是界限间的距离随着非均匀性散度的增大而增大。当刚度趋于极限情况时，上界趋于无穷大，这就需要更精确的均匀化结果。

2. 各种细观力学模型

Eshelby(1957)等效夹杂理论基于将球形或椭球形线弹性夹杂嵌入无限大基体介质的考虑，建立了一种改进型弹性均匀化近似方法，得到相应的应变和应力的分布状态。Walpole、村外志夫、森勉等将 Eshelby 等效夹杂理论推广到各向异性介质和本征应变在夹杂内不均匀的情况。梁军和杜善义(2004)应用 Eshelby 等效夹杂理论研究了复合材料的弹塑性问题，预报了不同树脂基材料热膨胀系数与温度、升温速率之间的变化关系。

自洽近似法是基于 Eshelby 等效夹杂理论建立起来的。它把每个晶粒作为在线弹性无边界基体中的一个球形夹杂进行处理，并认为基体由其他的所有晶粒组成。这种方法最后得到的弹性模量的表达式是一个隐式，也就是说它的被积函数内含有弹性模量本身，对它必须用迭代法进行求解，所以并不简单实用。而且当夹杂体积分数或裂纹密度较大时，自洽近似法预报的有效弹性模量过高或过低。

Mori-Tanaka 背应力法(Mori and Tanaka, 1973)在一定程度上计算了复合材料中夹杂相之间的相互作用，近年来得到广泛的应用，成为预报各种非均质复合材料性能的有效手段之一。Taya 和 Mura(1981)根据 Eshelby 等效夹杂理论和 Mori-Tanaka 背应力法计算了复合材料的有效纵向杨氏模量和裂纹的能量释放率，随后研究了含圆形裂纹的单向短纤维增强复合材料的刚度和强度。

除上述方法外，细观力学模型还有微分法、广义自洽模型等，在此不一一详述。

以上各种解析方法对具有简单细观构造的复合材料是有效的，当遇到十分复杂的细观结构形式时，无法给出较好的预报结果。而自 20 世纪 80 年代发展起来的细观力学有限元法可以针对复杂构型的细观结构给出令人满意的预报结果。细观力学有限元法是将有限元法应用到复合材料的代表性体积单元(representative volume element, RVE)上，通过对 RVE 应力应变响应的有限元计算，得出复合材料的宏观有效性能。细观力学有限元法是处理具有小周期构造的复合材料问题的一个重要的理论方法。20 世纪 90 年代，曹礼群和崔俊芝(1998)、Hou 等(1999)针对小周期构造的复合材料及其结构，建立和发展了多尺度有限元算法。

在计算方面，已经发展了几种数值方法离散化复合材料微结构的局部场。通过数值求解控制方程得到非均匀材料的有效属性。将应力和应变在 RVE 域上平均，从而可在本构关系中提取有效属性 $\bar{C}_{ijkl}$。

$$\langle \sigma_{ij} \rangle = \bar{C}_{jikl} \langle \varepsilon_{kl} \rangle \tag{1.13}$$

式中，$\langle \sigma_{ij} \rangle$、$\langle \varepsilon_{kl} \rangle$ 为平均应力和平均应变，计算公式为

$$\langle \sigma_{ij} \rangle = \frac{1}{\Omega}\int_{\Omega} \sigma_{ij}\mathrm{d}\Omega, \quad \langle \varepsilon_{kl} \rangle = \frac{1}{\Omega}\int_{\Omega} \varepsilon_{kl}\mathrm{d}\Omega \qquad (1.14)$$

Adam(1969)将有限差分方法应用于圆形纤维规则阵列,得到横法向模量和纵向剪切模量。起初,大多数有限元模拟在二维问题中使用正方形或六边形纤维排列。随着计算能力的提高,可使用有限元分析复杂的二维和三维问题,但需施加正确的边界条件才能得到正确结果。Moulinec 和 Suquet(1994)使用基于傅里叶变换的数值方法来求解单胞问题,通过实空间和傅里叶空间的交替变换得到该问题的解。Aboudi(1989,1996)开发的单胞法(method of cells,MOC)已用于模拟不同类型复合材料的细观力学行为。MOC 的优点是可以在一次计算中获得材料的全部属性,而不需要求解不同边界条件下的多个问题。MOC 的基本假设是:每个子胞内的位移矢量随局部坐标线性变化,位移和面力的连续性条件施加在子胞之间的界面及重复单胞之间的界面。后来,MOC 推广为广义单胞法(generalized method of cells,GMC),用单个子胞来表示多个子胞,其效率比有限元分析更高。Bednarcyk 等(2004)提出的高保真广义单胞法(high fidelity generalized method of cells,HFGMC)可提高 GMC 的精度,忽略法向应力和剪应力之间的耦合。HFGMC 使用二次位移场来考虑耦合效应,可以更准确地模拟应力和应变。

3. 均匀化理论

均匀化理论(homogenization theory)是 20 世纪 70 年代由法国科学家提出并应用到具有周期性结构的材料分析中。其实质是用均质的宏观结构和非均质的具有周期性分布的细观结构描述原结构;将物理量表示为关于宏观坐标和细观坐标的函数,并用细观和宏观两种尺度之比作为小参数展开,用摄动技术将原问题化为细观均匀化问题和宏观均匀化问题。

不仅如此,用均匀化方法求得的材料有效性能与结构的约束条件和加载条件无关,它仅与材料细部几何参数和物理参数的分布形态、大小有关。这说明材料的有效性能是材料本身固有的特性。梁军和杜善义(2004)基于多尺度渐近展开理论,对复合材料弹性问题控制方程进行尺度分解,推导了细观尺度与宏观尺度的控制方程,建立了复合材料宏观尺度和细观尺度响应之间的关联。李友云等(2003,2009)基于渐近展开均匀化方法,建立了涉及微观、介观和宏观三个尺度的随机多尺度计算模型。此外,Xing 和 Chen(2014)还研究了基于有限元多尺度渐近展开方法的计算精度问题,指出计算精度取决于渐近展开的阶次和有限元单元的阶次。

在预报材料有效性能方面,刘书田和程耿东(1995,1997)给出了预报热传导系数和热膨胀系数的细观均匀化形式及其有限元求解过程。潘燕环等(1997)基于均匀化理论的基本思想,在研究单向复合材料的损伤刚度时提出了二重均匀化方法。以上所有的研究工作均表明,均匀化理论在预报材料宏观性能方面是有效的,而且具有各种细观力学模型所不具备的优势。近年来该方法已成为分析夹杂、纤

维增强复合材料、混凝土材料等效模量以及材料细观结构拓扑优化常用的手段之
一。均匀化方法是目前国际上分析复合材料宏细观力学性能较为流行的方法,现
在我国的研究人员也致力于这方面的研究,并逐步将其应用到工程领域中。

　　总结已有的与均匀化理论相关的研究工作,均匀化方法对描述有效介质常数
等宏观平均量是有效的。但是,均匀化方法在刻画物理、力学量(如位移、应力、
应变、温度场、波函数等)时,只能给出这些量变化的大致趋势和均匀化平滑结果,
并不能描述这些量因组分变化而产生的局部涨落,如图 1.1 所示。要作为复合材料
强度理论的判断依据,均匀化理论显然是不够的。

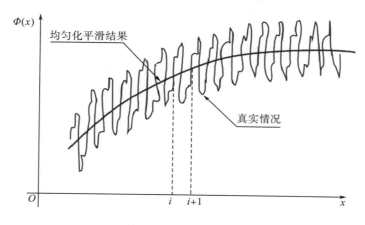

图 1.1　均匀化平滑结果

1.2.2　波纹板均匀化

　　壳/板是由两个相对接近的弯曲或平坦表面构成的薄三维体。利用板的厚度尺
寸相对平面尺寸较小的特点可简化壳/板结构分析,即以面内应力为主导,用二维
理论近似分析原三维问题。在工程应用中,薄板在承受压缩和弯曲载荷时缺乏抗
剪能力,可以通过波纹对结构进行增强。波纹形状的扩展应用包括纤维板、折叠
屋顶、容器壁、夹芯板、桥面板、船舶板、柔性翼等。此外,波纹板在热应力缓
解性能、消声效果及抗剪、抗压承载性能方面具有潜在的应用价值。与平板相比,
波纹板具有板的所有特征,通常在平面上沿着一个方向重复曲率变化,波纹板的
行为主要由该曲率决定。

　　由于中间表面的曲率,波纹板的两个典型特征是沿着波纹方向和垂直波纹方
向的弯曲刚度和拉伸刚度之间存在较大差异。垂直波纹方向的弯曲刚度和拉伸刚
度通常比沿着波纹方向的刚度大 2~3 个数量级,这种巨大差异是由于垂直波纹方
向的弯矩主要由沿着板厚度分布的膜应力平衡,并且沿着波纹方向的拉伸位移大

部分通过波纹结构的弯曲产生，而不是面内拉伸。通常，波纹板的弯曲与它在某些方向上的拉伸是分不开的，这使其分析比平板结构复杂得多。若波纹板由复合材料制成，则计算更为复杂。此外，含波纹芯的夹层结构可增加面外刚度。为了获得有效属性的解析解，本节研究对象仅限于各向同性波纹板。

波纹板的形状可以是正弦形、摆线形、抛物线形、半圆形、半椭圆形和梯形，如图 1.2 所示。直接用有限元分析这些波纹结构需要规模较大的有限元模型，对于设计而言效率不高。用图 1.3 所示具有相同等效刚度(可通过波纹板截面分析得到)的平板代替原波纹板，可以大大减少单元数量和全局分析时有限元模型的总自由度。然后，通过有限元分析或封闭形式解预测波纹板的全局行为(如延伸、挠度、振动、曲率等)。

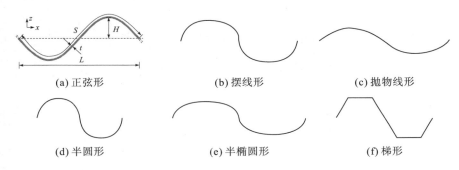

(a) 正弦形　　　　　　　(b) 摆线形　　　　　　　(c) 抛物线形

(d) 半圆形　　　　　　　(e) 半椭圆形　　　　　　(f) 梯形

图 1.2　不同类型波纹板的单位横截面形状

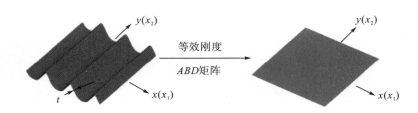

图 1.3　波纹板均匀化

尽管近几十年来在波纹板理论方面有很多成果，但建立有效的均匀化模型预测波纹板的全局和局部响应仍然是一项艰巨的任务，特别是考虑到其应用不断扩展。被工程界广泛接受的 Kirchhoff-Love 和 Reissner-Mindlin 板理论均适用于波纹板的均匀化建模。一般来说，薄壁波纹板适合使用 Kirchhoff-Love 板理论进行建模；对于较厚的板，需要考虑横向剪切效应，适合使用 Reissner-Mindlin 板理论进行建模。在目前的研究中，主要研究薄壁波纹板。

1. 等效弯曲刚度

Kirchhoff-Love 板理论通常用于薄板/壳,假定横法线在变形过程中保持与中间表面垂直,横向应力(包括正应力和剪应力)相对面内应力而言可以在本构关系中忽略不计。除该假设外,还需要对波纹板做额外的假设,以便用等效板对其进行建模。假定波纹板的挠度由平板的均匀化表面定义(图 1.3),并且与厚度相比,该挠度较小,即挠度曲面的曲率远小于单位曲率。另一假设是波纹周期长度远小于均匀化平面的挠度波长。基于这些假设,原波纹板可以用具有等效刚度的平板模型进行分析。由于波纹板是具有方向依赖性的波状结构,具有等效刚度的平板模型也应该是正交异性板。

通过 Kirchhoff-Love 板理论计算波纹板的等效刚度,其解析解一般形式为

$$
\begin{Bmatrix} N_{xx} \\ N_{xy} \\ N_{yy} \\ M_{xx} \\ M_{xy} \\ M_{yy} \end{Bmatrix} = \begin{bmatrix} A_{11} & A_{12} & A_{13} & B_{11} & B_{12} & B_{13} \\ A_{21} & A_{22} & A_{23} & B_{21} & B_{22} & B_{23} \\ A_{31} & A_{32} & A_{33} & B_{31} & B_{32} & B_{33} \\ B_{11} & B_{12} & B_{13} & D_{11} & D_{12} & D_{13} \\ B_{21} & B_{22} & B_{23} & D_{21} & D_{22} & D_{23} \\ B_{31} & B_{32} & B_{33} & D_{31} & D_{32} & D_{33} \end{bmatrix} \begin{Bmatrix} \varepsilon_{xx} \\ 2\varepsilon_{xy} \\ \varepsilon_{yy} \\ \kappa_{xx} \\ 2\kappa_{xy} \\ \kappa_{yy} \end{Bmatrix} = \begin{bmatrix} A & B \\ B & D \end{bmatrix} \begin{Bmatrix} \varepsilon_{xx} \\ 2\varepsilon_{xy} \\ \varepsilon_{yy} \\ \kappa_{xx} \\ 2\kappa_{xy} \\ \kappa_{yy} \end{Bmatrix} \tag{1.15}
$$

均匀化的目的是得到 A(拉伸刚度矩阵)、B(弯拉耦合刚度矩阵)、D(弯曲刚度矩阵)的解。关于这些层合板理论专用符号的介绍可以在 Reddy(2004)的书中找到。合力(N_{xx}, N_{xy}, N_{yy})和合力矩(M_{xx}, M_{xy}, M_{yy})通过 A、D 和 B 与应变($\varepsilon_{xx}, \varepsilon_{xy}, \varepsilon_{yy}$)和曲率($\kappa_{xx}, \kappa_{xy}, \kappa_{yy}$)相关联。当波纹方向与面内坐标方向一致时,$A_{12}$、$A_{23}$、$D_{12}$ 和 D_{23} 为零。对于正交各向异性板,x 轴和 y 轴方向的扭转刚度不同,D_{22} 的本构关系代表平均效应,D_{13} 表示弯矩对扭转曲率的泊松效应。此外,如果板关于厚度坐标原点对称,则 $B=0$,弯曲受以下四阶偏微分方程控制:

$$
D_{11}\frac{\partial^4 w}{\partial x^4} + 2\left(D_{13} + 2D_{22}\right)\frac{\partial^4 w}{\partial x^2 \partial y^2} + D_{33}\frac{\partial^4 w}{\partial y^4} = p \tag{1.16}
$$

式中,x、y 为用来描述参考面的笛卡儿坐标;w 为横向位移;p 为参考面上的压力载荷。

对于由各向同性材料制成的均匀平板,式(1.16)可简化为

$$
D\left(\frac{\partial^4 w}{\partial x^4} + 2\frac{\partial^4 w}{\partial x^2 \partial y^2} + \frac{\partial^4 w}{\partial y^4}\right) = p \tag{1.17}
$$

式中,D 为弯曲刚度矩阵,$D = \dfrac{Et^3}{12(1-v^2)}$,其中 E 为杨氏模量、v 为泊松比,t 为板的厚度。

式(1.16)中的等效弯曲刚度 D_{ij} 在大多数应用中直接与波纹板的挠度有关。早

期阶段，研究者采用自由体图分析得到等效弯曲刚度。为得到式(1.16)中等效弯曲刚度，需要沿 x 轴方向纯弯矩、沿 y 轴方向纯弯矩和纯扭转 3 种加载情况，其中 $D_{13}+2D_{22}$ 为纯扭转行为下的总扭转刚度 H。在此基础上，板的挠度可以通过封闭方程或有限元分析求解。在介绍文献中的解析解之前，首先介绍波纹板的几何参数。

以正弦形波纹板的 RSE(图 1.2)为例，其几何特征由坐标(x, y, z)描述，其中 x 轴沿波纹方向，y 轴在 xz 平面内。波纹板沿 y 轴的宽度视为无限大，t 是垂直于正弦中面的板恒定厚度，H 是波峰到中面的垂直高度，S 是弧长，L 是波纹投影长度。该正弦模型可以表示为 $z = H\sin(2x\pi/L)$。

等效弯曲刚度最早可追溯到 1923 年，Huber 提出确定式(1.16)中正交各向异性板偏微分方程的系数，以模拟波纹板的弯曲行为。由于波纹的特征尺寸 L 与整个板的平面尺寸相比较小，其不均匀性可忽略。纯弯曲线性理论还假定了无局部弯曲和平面内力存在。

分别在 3 种工况下施加恒定曲率 κ_{xx}、κ_{xy} 和 κ_{yy}，可将波纹板中的等效弯曲刚度用波纹几何形状和材料属性表征。Huber(2014)提出的基于等效弯曲刚度的波纹板正交各向异性板模型为

$$D_{11} = \frac{L}{S}\frac{Et^3}{12(1-\nu^2)}, \qquad D_{33} = EI_y, \qquad H = D_{13} + 2D_{22} = \frac{S}{L}\frac{Et^3}{12(1+\nu)} \qquad (1.18)$$

式中，I_y 为沿 y 轴的惯性矩。

随后，Szilard(2004)提出为得到准确的正弦波纹方程，首先需求解 S 和 I_y。基于式(1.18)，S 和 I_y 可近似计算为

$$S = L\left(1 + \frac{\pi^2 H^2}{L^2}\right), \qquad I_y = \frac{H^2 t}{2}\left[1 - \frac{0.81}{1 + 2.5(t/L)^2}\right] \qquad (1.19)$$

式(1.19)中的 I_y 值与 Seydel 的结果相差约 20%。Lau 和 Lee 指出式(1.19)近似较差，存在一些局限性。为此，他们改进了弧长 S 和惯性矩 I_y 的计算公式：

$$S = 2\int_0^{L/2}\sqrt{1 + \left(\frac{\mathrm{d}z}{\mathrm{d}x}\right)^2}\,\mathrm{d}x, \qquad I_y = \frac{L}{2}\int_0^{L/2} z^2\sqrt{1 + \left(\frac{\mathrm{d}z}{\mathrm{d}x}\right)^2}\,t\,\mathrm{d}x \qquad (1.20)$$

图 1.4 为式(1.19)和式(1.20)计算的 S/L 和 I_y 对比。由图可看出，随着 $2H/L$ 增加，式(1.19)和式(1.20)计算的 S、I_y 变化明显不同。对于浅波纹板，在 $2H\pi/L < 1$ 或 $2H/L < 0.31$ 时，S 和 I_y 可表示为

$$S = L\left(1 + \frac{\pi^2 H^2}{L^2} - \frac{3}{16}\frac{\pi^2 H^2}{L^2} + L\right) \approx L\left(1 + \frac{\pi^2 H^2}{L^2}\right)$$
$$I_y = \frac{H^2 t}{2}\left(1 + \frac{1}{2}\frac{\pi^2 H^2}{L^2} - \frac{1}{16}\frac{\pi^2 H^2}{L^2} + L\right) \approx \frac{H^2 t}{2}\left(1 + \frac{1}{2}\frac{\pi^2 H^2}{L^2}\right) \qquad (1.21)$$

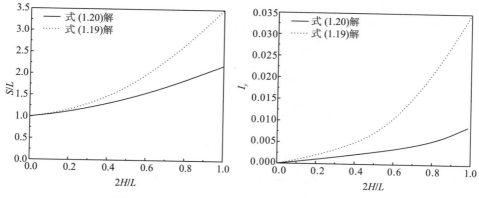

图 1.4　式(1.19)和式(1.20)计算的 S/L 和 I_y 对比

　　基于式(1.21)，Lee 通过实验证明了 Huber 模型预测的刚度比其他模型要好。除了正弦形状之外，还可以在 Ranger(1960)中找到用于快速确定横截面特性的相关公式。表 1.1 总结了几种常见波纹板惯性矩的近似计算方法。图 1.5 给出了惯性矩近似值和式(1.20)计算的精确值之间的比较。

表 1.1　几种常见波纹板惯性矩的近似计算方法

波纹形状	惯性矩 I_y	图示
摆线形	$\dfrac{8}{15}\left[1+\dfrac{32}{3}\left(\dfrac{H}{L}\right)^2\right]H^2t$	
抛物线形	$\dfrac{8}{105}\left[6+\sqrt{1+64\left(\dfrac{H}{L}\right)^2}\right]H^2t$	
半圆形	$\dfrac{6\alpha-\sin(2\alpha)}{48\sin\alpha}t^3+\dfrac{4\alpha+2\alpha\cos(2\alpha)-3\sin(2\alpha)}{4\sin\alpha(1-\cos\alpha)^2}H^2t$ $\alpha=\arctan\dfrac{2(L/H)}{(L/2H)^2-4}$	
半椭圆形	$\dfrac{\pi}{16L}\left[\left(H+\dfrac{t}{2}\right)^3(L+t)-\left(H-\dfrac{t}{2}\right)^3(L-t)\right]$	
梯形	$\dfrac{t^3}{12}+\dfrac{2t\alpha}{L}$	

波纹形状	惯性矩 I_y	图示
	$\alpha = \dfrac{H^3}{3\tan\theta} + H^2 b_{\mathrm{w}} + \dfrac{1}{3}\tan^2\theta\left[(L/2)^3 - \left(b_{\mathrm{w}} + \dfrac{H}{\tan\theta}\right)^3\right]$ $-(2H + b_{\mathrm{w}}\tan\theta)\tan\theta\left[(L/2)^2 - \left(b_{\mathrm{w}} + \dfrac{H}{\tan\theta}\right)^2\right]$ $+(2H + b_{\mathrm{w}}\tan\theta)^2\left[(L/2) - \left(b_{\mathrm{w}} + \dfrac{t}{\tan\theta}\right)\right]$ 其中，b_{w} 为梯形顶边边长	

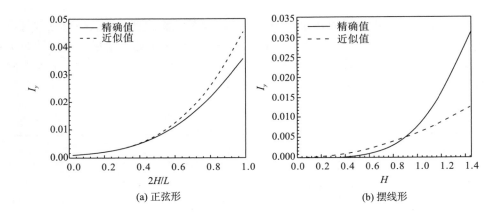

(a) 正弦形   (b) 摆线形

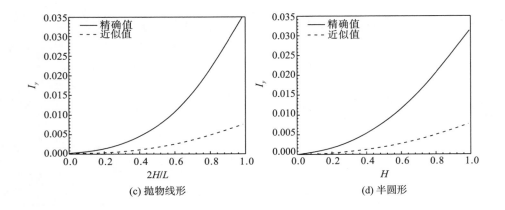

(c) 抛物线形   (d) 半圆形

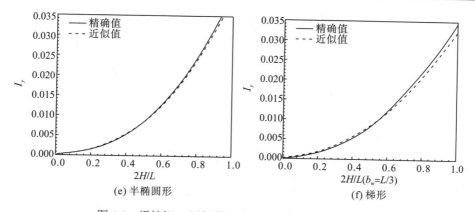

图 1.5 惯性矩 I_y 近似值和式(1.20)计算的精确值比较

使用表 1.1 近似计算 I_y 时需要注意限制条件。当 $2H/L < 0.6$，正弦形、半椭圆形和梯形波纹板的 I_y 近似值与精确解相比具有足够的精度；当 $H < 0.2$ 时，摆线形和半圆形的 I_y 近似值才接近于精确解；当 $2H/L < 0.2$ 时，抛物线形的 I_y 近似值接近于精确解。为了避免损失精度，建议使用式(1.20)和分段函数计算弧长 S 和惯性矩 I_y，用式(1.18)计算波纹板的等效弯曲刚度。

Briassoulis(1986)计算的弯曲刚度接近有限元结果，即

$$D_{11} = \frac{L}{S} \frac{Et^3}{12(1-\nu^2)}, \quad D_{33} = \frac{Et^3}{12(1-\nu^2)} + \frac{Et^3}{2}, \quad D_{13} = \nu D_{11}, \quad D_{22} = \frac{Et^3}{24(1+\nu)} \quad (1.22)$$

与式(1.18)相比，Briassoulis(1986)给出了 D_{13} 和 D_{22} 的具体值，而不是将它们合并到 H 中。D_{13} 来自 D_{11} 的泊松效应，D_{22} 表示扭转刚度，其公式与各向同性板/壳完全相同，这是因为假设波纹不影响波纹板的扭转行为。D_{33} 计算公式中的第一项表示平板原来的弯曲刚度，第二项是波纹膜力 N_{yy} 产生的附加弯曲刚度。

Norman 等(2008)提出了一个非常简单的假设，即波纹只影响波纹方向上的弯曲刚度，产生附加刚度 αD，其中 α 是波纹形状函数，可以用初始波纹曲率表示。波纹板的弯曲刚度变为

$$D = \frac{Et^3}{12(1-\nu^2)}, \quad D_{11} = D, \quad D_{33} = D + \alpha D, \quad D_{13} = \nu D, \quad D_{22} = \frac{1}{2}(1-\nu)D \quad (1.23)$$

式中，$\alpha D = \frac{1}{L}\int_0^L Ez(x)^2 t\mathrm{d}x$。

Abbes 和 Guo(2010)引入梁的概念得到扭转刚度，将扭转曲率分解为两个正交梁的扭转速率，并将两个方向的梁扭转刚度相加以描述波纹扭转行为，即

$$D_{22} = \frac{1}{4}\left(\frac{GJ_x}{b} + \frac{GJ_y}{a}\right) \quad (1.24)$$

式中，GJ_x、GJ_y 分别为沿 x 和 y 方向的总扭转刚度；a、b 分别为沿 x 和 y 方向的板长度。

由于板在两个方向上的泊松效应不能用梁来捕捉，不推荐使用这种方法。

2. 有效拉伸刚度

为了充分描述波纹板的行为，还需要有效拉伸刚度 A。只要 $B = 0$，拉伸行为可以与式(1.15)中的弯曲行为分离，并在以下控制偏微分方程中描述：

$$A_{11}u^0_{,xx} + A_{22}u^0_{,yy} + \left(A_{13} + A_{22}\right)v^0_{,xy} - q_x = 0 \tag{1.25}$$
$$\left(A_{13} + A_{22}\right)u^0_{,xy} + A_{22}v^0_{,xx} + A_{33}v^0_{,yy} - q_y = 0$$

式中，u^0 和 v^0 分别为沿 x 和 y 方向的位移；q_x 和 q_y 分别为沿 x 和 y 方向的外力投影。

以图 1.2 中的正弦形波纹板为例，早期研究认为 A_{11} 很小，可忽略不计。Shimansky 和 Lele(1995)指出，对于波纹较大的薄壁波纹板，沿着 x 轴的拉伸刚度 A_{11} 通常小于平行于波纹(y 轴)的拉伸刚度 A_{33}，因为主要变形是由波纹弯曲产生的。然而，对于厚壁或波纹较小的波纹板，拉伸刚度 A_{11} 不能忽略，因为此时变形主要是由平面拉伸产生的。他们还根据波纹比和厚度比给出了拉伸刚度 A_{11} 和 A_{33} 之间的关系，A_{11}/A_{33} 的值从 1 变化到 0.0005。通过几种加载情况下的自由体分析，可得到拉伸刚度的解析表达式，即

$$A_{11}=E_x t = \frac{E}{6(1-v^2)}\left(\frac{t}{H}\right)^2 t, \quad A_{33} = E_y t = \frac{S}{L}Et \tag{1.26}$$

$$A_{13} = vA_{11}, \quad A_{22} = \frac{L}{S}\frac{E\rho}{2(1+v)}t$$

式中，ρ 为剪切刚度折减系数，理想情况下 $\rho=1$。

Briassoulis(1986)将恒定应变施加于波纹板的代表性体积单元并计算应力，用壳体有限元进行模拟的拉伸刚度与式(1.26)的解析解对比，发现二者存在一定的差异，主要是因为式(1.26)中沿 x 方向的刚度忽略了 q_x 产生的 x 方向应变能和弯矩项。为了解决这个问题，Briassoulis(1986)在 $L/2$ 处假定斜率等于 $\tan[\arccos(L/S)]$，然后推导出拉伸刚度 A_{11} 表达式。剪切刚度 A_{22} 保持与各向同性平板相同，即

$$A_{11}=E_x t = \frac{Et}{1+\left(\dfrac{H}{t}\right)^2 6(1-v^2)\left[\left(\dfrac{S}{L}\right)^2 - \dfrac{S}{2\pi L}\sin\dfrac{2\pi S}{L}\right]} \tag{1.27}$$

$$A_{33} = E_y t = \frac{S}{L}Et, \quad A_{13} = vA_{11}, \quad A_{22} = \frac{E}{2(1+v)}t$$

Liew 等(2006)使用式(1.27)和式(1.22)预测梯形和正弦形波纹板中的屈曲载荷，计算结果与 ANSYS 有限元分析结果基本一致。

3. 薄壳法

薄壳法是利用壳理论对波纹板进行建模，与传统的解析方法相比是一大进步。由于壳理论对真实波纹结构的模拟更为接近，可以直接看到壳模型中弯曲和拉伸之间的相互作用，从而更准确地反映和解释波纹板的行为。另一个优点是能量均匀化取代烦琐的多个自由体分析，使得推导过程简单直接。在式(1.15)中假设拉伸刚度和弯曲刚度之间没有耦合刚度($B=0$)是不符合实际的，壳理论不需要该特定假设。耦合刚度 B 与拉伸刚度 A 和弯曲刚度 D 可以同时得到。

此外，薄壳法建立了全局和局部连接，可用于重构波纹板的局部行为(如应变或应力)。Libove 提出波纹板可看成薄壳，而梯形波纹板可以看成平板单元，给出了总势能表达式。随后，他的两个学生 Perel 和 Hussain 跟进了他的想法，分别研究梯形波纹板和曲线波纹板。之后，Wu 和 Hsiuo 同样采用薄壳法分析波纹板。

运动学假设建立了壳体位移 u_i 与均匀平面位移 v_i 的关系。壳应变能可以通过壳位移 u_i 表示，通过最小化波动函数 ψ_i 可求出波纹周期内能量系数的平均值，并利用变分法得到适当边界条件下的控制微分方程。Lee 等(2006)基于该方法找出正弦形和三角形波纹截面的壳应力与平面位移函数之间的关系，但 u_z 的二阶导数项导致结果很不理想。

1.3　本书的框架

如前面所述，均匀化理论是由工程应用推动的，为许多不同的工程问题提供了直接有用的解决方案。在本书中，将最大限度地自由选择代表性结构单元，并采用解析法和数值法分析复合材料结构的性能。以下是对各章的简要说明。

第 2 章讨论研究的理论基础；第 3 章建立 FRP 层合梁三维局部场的精确重构方法；第 4 章介绍多尺度变分渐近法在波纹板均匀化中的应用；第 5 章介绍多尺度变分渐近法在复合材料夹芯板有效性能分析中的应用；第 6 章建立考虑非经典效应的复合材料箱梁静动态分析方法；第 7 章总结，并提出进一步工作的建议。

主要参考文献

曹礼群, 崔俊芝, 1998. 整周期复合材料弹性结构的有限元计算[J]. 计算数学, 20(3):279-290.

曹礼群, 崔俊芝, 王崇愚, 2002. 非均质材料多尺度物理问题与数学方法[C]//中国科学院技术科学部. 中国科学院技术科学论坛学术报告会论文集. 北京: 中国科学院:69-80.

程耿东, 刘书田, 1996. 单向纤维复合材料导热性预测[J]. 复合材料学报, 13(1):78-85.

李友云, 崔俊芝, 2003. 具有随机颗粒分布复合材料力学参数的多尺度计算[C]//袁明武, 陈璞. 中国计算力学大会 2003 论文集: 工程与科学中的计算力学(上). 北京: 中国力学学会: 457-463.

李友云, 崔俊芝, 郑健龙, 2009. 一种颗粒随机分布复合材料弹性位移场均匀化方法的理论分析[J]. 计算数学, 31(3):275-286.

梁军, 杜善义, 2004. 防热复合材料高温力学性能[J]. 复合材料学报, 21(1):73-77.

刘书田, 程耿东, 1995. 基于均匀化理论的复合材料热膨胀系数预测方法[J]. 大连理工大学学报, (4):451-457.

刘书田, 程耿东, 1997. 复合材料应力分析的均匀化方法[J]. 力学学报, 29(3):306-313.

潘燕环, 嵇醒, 薛松涛, 1997. 单向复合材料损伤刚度的双重均匀化方法[J]. 同济大学学报(自然科学版), (6):623-628.

Abbes B, Guo Y Q, 2010. Analytic homogenization for torsion of orthotropic sandwich plates: Application to corrugated cardboard [J]. Composite Structures, 92(3): 699-706.

Aboudi J, 1982. A continuum theory for fiber-reinforced elastic-viscoplastic composites[J]. International Journal of Engineering Science, 20(5): 605-621.

Aboudi J, 1989. Micromechanical analysis of composites by method of cells [J]. Applied Mechanics Reviews, 42(7): 193-221.

Aboudi J, 1996. Micromechanical analysis of composites by the method of cells-update [J]. Applied Mechanics Review, 49: 83-91.

Aboudi J, Pindera M J, Arnold S M, 2001. Linear thermoelastic higher-order theory for periodic multiphase materials [J]. Journal of Applied Mechanics, 68(5): 697-707.

Aboudi J, Pindera M J, Arnold S M, 2003. Higher-order theory for periodic multiphase materials with inelastic phases [J]. International Journal of Plasticity, 19(6): 805-847.

Adam Y, 1969. Finite difference methods for convective-diffusive equations[J]. Journal of Atherosclerosis Research, 10(3): 391-401.

Bednarcyk B A, Arnold S M, Aboudi J, et al., 2004. Local field effects in titanium matrix composites subject to fiber-matrix debonding [J]. International Journal of Plasticity, 20(8): 1707-1737.

Benveniste Y, 1987. A new approach to the application of Mori-Tanaka's theory in composite materials [J]. Mechanics of Materials, 6(2): 147-157.

Berdichevsky V L, 1979. Variational-asymptotic method of constructing a theory of shells [J]. Journal of Applied Mathematics and Mechanics, 43(4):711-736.

Berryman J G, Berge P A, 1996. Critique of two explicit schemes for estimating elastic properties of multiphase composites[J]. Mechanics of Materials, 22(2): 149-164.

Briassoulis D, 1986. Equivalent orthotropic properties of corrugated sheets[J]. Computers & Structures, 23(2):129-138.

Eshelby J, 1957. The determination of the elastic field of an ellipsoidal inclusion, and related problems[J]. Proceedings of the Royal Society A: Mathematical, Physical and Engineering Sctences, 241:376-396.

Hashin Z, 1962. The elastic moduli of heterogeneous materials [J]. Journal of Applied Mechanics, 29(1):143-150.

Hashin Z, 1965. On elastic behaviour of fibre reinforced materials of arbitrary transverse phase geometry [J]. Journal of the

Mechanics and Physics of Solids, 13 (3) :119-134.

Hashin Z, 1968. Assessment of the self consistent scheme approximation: conductivity of particulate composites [J]. Journal of Composite Materials, 2 (3) :284-300.

Hashin Z, 1983. Analysis of composite materials: a survey [J]. Journal of Applied Mechanics, 50 (3) : 481-505.

Hashin Z, Rosen B W, 1964. The elastic moduli of fiber-reinforced materials [J]. Journal of Applied Mechanics, 31 (2) : 223-232.

Hashin Z, Shtrikman S, 1962. A variational approach to the theory of the elastic behaviour of polycrystals[J]. Journal of Mechanics and Physics of Solids, 10: 343-352.

Hashin Z, Shtrikman S, 1963. A variational approach to the theory of the elastic behaviour of multiphase materials[J]. Journal of the Mechanics and Physics of Solids, 11 (2) :127-140.

Hershey A V, 1954. The elasticity of an isotropic aggregate of anisotropic cubic crystals[J]. Journal of Applied Mechanics, 21:221-236.

Hill R, 1963. Elastic properties of reinforced solids: Some theoretical principles[J]. Journal of the Mechanics and Physics of Solids, 11 (5) : 357-372.

Hill R, 1965. A self-consistent mechanics of composite materials[J]. Journal of the Mechanics and Physics of Solids, 13 (4) : 213-222.

Holliday L, Thackray G, 1964. Heterogeneity in complex materials and the concept of the representative cell [J]. Nature, 201: 270-272.

Hou T Y, Wu X H, Cai Z, 1999. Convergence of a multiscale finite element method for elliptic problems with rapidly oscillating coefficients[J]. Mathematics of Computation, 68 (227) : 913-943.

Huber A, 2014. Extensions to study electrochemical interfaces: a contribution to the theory of ions [J]. Cellular Signalling, 22 (3) : 404-414.

Kerner E H, 1956. The elastic and thermo-elastic properties of composite media [J]. Proceedings of the Physical Society Section B, 69 (8) : 808-813.

Lee Y M, Yang R B, Gau S S, 2006. A generalized self-consistent method for calculation of effective thermal conductivity of composites with interfacial contact conductance [J]. International Communications in Heat and Mass Transfer, 33 (2) :142-150.

Liew K M, Peng L X, Kitipornchai S, 2006. Buckling analysis of corrugated plates using a mesh-free Galerkin method based on the first-order shear deformation theory[J]. Computational Mechanics, 38 (1) :61-75.

Milton G W, 1981. Bounds on the electromagnetic, elastic, and other properties of two component composites [J]. Physical Review Letters, 46 (8) : 542-545.

Milton G W, 1982. Bounds on the elastic and transport properties of two-component composites [J]. Journal of the Mechanics and Physics of Solids, 30 (3) : 177-191.

Milton G W, 2001. Theory of Composites [M]. Cambridge: Cambridge University Press.

Mori T, Tanaka K, 1973. Average stress in matrix and average elastic energy of materials with misfitting inclusions [J]. Acta Metallurgica, 21 (5) : 571-574.

Moulinec H, Suquet P, 1994. A fast numerical method for computing the linear and nonlinear mechanical properties of composites [J]. Comptes rendus de l' Acadmie des sciences, Série II ,318 (11) :1417-1423.

Nemat-Nasser S, Hori M, 1993. Micromechanics: Overall Properties of Heterogeneous Materials [M]. 2nd ed. Amsterdam: Elsevier.

Norman A D, Seffen K A, Guest S D, 2008. Multistable corrugated shells[J]. Proceedings of the Royal Society A: Mathematical, Physical and Engineering Sciences, 464 (2095) :1653-1672.

Ranger A E, 1960. The compression strength of corrugated fiberboard cases and sleeves [J]. Paper Technology, 1:531-541.

Reddy J N, 2004. Mechanics of Laminated Composite Plates and Shells [M]. Boca Raton: CRC Press.

Shimansky R, Lele M, 1995. Transverse stiffness of a sinusoidally corrugated plate[J]. Mochanics of Structures and Machines, 23 (3) :439-451.

Silnutzer N, 1972. Effective constants of statistically homogeneous materials[J]. Philadelphia: University of Pennsylvania.

Szilard R, 2004. Theories and Applications of Plate Analysis: Classical, Numerical and Engineering Methods [M]. London: John Wiley and sons.

Taya M, Mura T, 1981. On stiffness and strength of an aligned short-fiber reinforced composite containing fiber-end cracks under uniaxial applied stress[J]. Journal of Applied Mechanics, 48 (2) :361-367.

Torquato S, 1991. Random heterogeneous media: Microstructure and improved bounds on effective properties [J]. Applied Mechanics Reviews, 44 (2) : 37-76.

Torquato S, 1998. Morphology and effective properties of disordered heterogeneous media [J]. International Journal of Solids and Structures, 35 (19) : 2385-2406.

Xing Y F, Chen L, 2014. Accuracy of multiscale asymptotic expansion method[J]. Composite Structures, 112 (1) :38-43.

第 2 章 理 论 基 础

均匀化问题可以在适当的边界条件下，用适当的方法在适当的区域求解。适当的方法(如变分渐近法)、适当的区域(如 RSE 概念)、适当的边界条件(如周期性边界条件)这三个因素构成了研究的基础。

2.1 变分渐近法

本节对变分渐近法(variational asymptotic method, VAM)的概念进行综述，以利于读者对现有研究中使用的理论有深入了解。

在静态情况下，Hamilton 变分原理退化为最小总势能原理(principle of minimum total potential energy，PMTPE)。容许变分(仅空间变量的函数)需满足连续性条件和几何边界条件。变分法的优点是只需要满足几何边界条件，缺点是仅限于保守系统(与路径无关)。如果静态保守系统的势能是稳定的，那么它就处于平衡状态。最小总势能原理表明：在所有满足给定边界条件的位移中，满足平衡方程的位移使势能最小。根据变分法的一般步骤，可以由总势能的变分推导出平衡方程(称为欧拉-拉格朗日方程)。

利用小参数展开的渐近级数是对原级数的很好近似。当该小参数消失时，渐近级数可精确再现原级数的第一项。物理问题中使用的数学模型很难求解，尤其是当存在一些小参数时。渐近法的动机是简化求解过程，并提供对初始模型的近似解法。在此基础上，将求得的有效属性与数值技术(如有限元分析)相结合得到全局解。在大多数情况下，一阶渐近近似就可以在效率和精度之间取得较好的平衡，而当主要参数随情况发生改变时，需要更高阶近似。渐近分析需要将小参数引入系统中，在物理问题中存在以下一些小参数。

(1)梁理论中的 h/l，其中 h 为横截面的特征尺寸，l 为沿着梁参考线变形的特征波长。

(2)壳理论中的 t/l，其中 t 为厚度，l 为沿着参考面变形的特征波长。

(3)微观力学中的 h/l，其中 h 为 RSE 的特征尺寸，l 为宏观材料变形的特征波长。

除了几何参数外，根据对物理问题的理解，还可能有更多的小参数(如夹芯板的芯层和面层的弹性模量比)。但随着更多小参数的引入，需要掌握这些小参数的限制和正确的应用领域。

首先介绍渐近分析的基本符号和定义：O、o 和~。设 $f(x)$、$g(x)$ 为定义在 $x \to x_0$ 限制区域的连续函数，可在限制区域内定义函数相对属性的简化符号，具体如下。

(1)若在 x_0 附近 $|f(x)| \geqslant K|g(x)|$（K 为常数），则 $x \to x_0$，$f(x) = O(g(x))$。即当 $x \to x_0$ 时，$f(x)$ 由 $g(x)$ 渐近包围，或者说，$f(x)$ 为 $g(x)$ 的阶数。

(2)若在 x_0 附近 $|f(x)| \leqslant \eta|g(x)|$（$\eta$ 为正数），则 $x \to x_0$，$f(x) = o(g(x))$。即当 $x \to x_0$ 时，$f(x)$ 渐近小于 $g(x)$。

(3)若在 x_0 附近 $f(x) = g(x) + o(g(x))$，则 $x \to x_0$，$f(x) \sim g(x)$。即 $f(x)$ 渐近等于 $g(x)$。

为正确识别函数中的小项，不仅需要知道函数的阶数，还需要知道函数导数的渐近阶数。为此，引入特征长度概念。考虑定义在 $x \in [a,b]$ 上足够光滑的函数 $f(x)$，将 $\overline{f}$ 定义为该区域上任意两点 x_1 和 x_2 函数值的最大差值，即

$$\overline{f} = \max_{x_1, x_2 \in [a,b]} |f(x_1) - f(x_2)| \tag{2.1}$$

则对于足够小数 l，下列不等式成立：

$$\left|\frac{\mathrm{d}f}{\mathrm{d}x}\right| \leqslant \frac{\overline{f}}{l} \tag{2.2}$$

满足上述不等式的最大常数 l 定义为函数 $f(x)$ 区域内的特征长度。若需要估计高阶导数，则需将相应项包含在 l 中，特征长度为满足如下不等式的最大常数：

$$\left|\frac{\mathrm{d}f}{\mathrm{d}x}\right| \leqslant \frac{\overline{f}}{l}, \quad \left|\frac{\mathrm{d}^2 f}{\mathrm{d}^2 x}\right| \leqslant \frac{\overline{f}}{l^2}, \quad \cdots, \quad \left|\frac{\mathrm{d}^k f}{\mathrm{d}^k x}\right| \leqslant \frac{\overline{f}}{l^k} \tag{2.3}$$

式中，k 为所估计渐近阶数的最高导数。该特征长度的定义可以很容易地扩展到含多个变量的函数。

变分渐近法是 Berdichevsky 提出的变分法和渐近分析的综合，可求解有限变量函数的极小化问题和具有变分结构的微分方程问题。该方法的优点是：①简化了求解过程，通过将渐近序列放入不同阶的微分方程系统中，转换为渐近求解变分问题；②易于有限元法数值实现，因而其适用范围不局限于解析解的简单问题。由于变分渐近法忽略较小的能量项，需评估忽略的小项对下阶近似的影响，以及判断解的唯一性或存在性。尽管有些渐近法给出了与变分渐近法相同的结果，但难以实际应用，因其长序列平衡方程被不同阶数分割，在处理相应序列时容易产生更多问题。

为说明变分渐近法的基本思想和求解过程，考虑 $f(u, \eta)$ 为取决于小参数 η 的单变量函数（$u \in M$），用变分渐近法求解该函数的驻点。

$$f(u,\eta)=u^2+u^3+2\eta u+\eta u^2+\eta^2 u \tag{2.4}$$

式中，η 为小参数。

原函数 $f(u,\eta)$ 的两个驻点可精确求解为

$$\hat{u}=\frac{1}{3}\left(-1-\eta+\sqrt{1-4\eta-2\eta^2}\right), \quad \hat{u}=\frac{1}{3}\left(-1-\eta-\sqrt{1-4\eta-2\eta^2}\right) \tag{2.5}$$

将两个驻点渐近扩展为由 η 表示的序列，即

$$\hat{u}=\begin{cases}-\dfrac{2}{3}+\dfrac{\eta}{3}+\eta^2+o\left(\eta^2\right)\\[2mm]0-\eta-\eta^2+o\left(\eta^2\right)\end{cases} \tag{2.6}$$

使用变分渐近法得到近似解，并与其进行比较：

(1) 零阶渐近。$f_0(u)=f(u,0)=u^2+u^3$，其驻点为 $\hat{u}_0=-\dfrac{2}{3}$ 和 $\hat{u}_0=0$，对应式 (2.6) 右侧第一项的驻点。

(2) 一阶渐近。将 u 表示为 $u=\hat{u}_0+u'$（$\eta\to 0$ 时 $u'\to 0$），代入原泛函，保留含有 u' 的主导项。在 $-\dfrac{2}{3}$ 领域内，令 $u=-\dfrac{2}{3}+u'$，得到

$$f\left(-\frac{2}{3}+u',\eta\right)=-u'^2+\frac{2u'\eta}{3}+\underline{u'^3+u'^2\eta+\eta^2 u'}+\underline{\underline{\frac{4}{27}-\frac{8\eta}{9}}} \tag{2.7}$$

式中，双画线项为不会影响驻点的附加常数，可忽略不计；单画线项远小于未画线项，即

$$\left|u'^3\right|\ll\left|u'^2\right|, \quad \left|u'^2\eta\right|\ll\left|u'^2\right|, \quad \left|u'\eta^2\right|\ll\left|\frac{2u'\eta}{3}\right| \tag{2.8}$$

由于 u'、η 很小，在函数 $f\left(-\dfrac{2}{3}+u',\eta\right)$ 中保留 u' 的主导项，得到如下函数：

$$f_1(u',\eta)=-u'^2+\frac{2u'\eta}{3} \tag{2.9}$$

其驻点 $u'=\dfrac{\eta}{3}$。

u' 的渐近阶数并未预先假设，而是通过函数 $f_1(u',\eta)$ 取驻点得到。至此，得到 $-\dfrac{2}{3}$ 值附近驻点的一阶近似为

$$\hat{u}_0+\hat{u}_1=-\frac{2}{3}+\frac{1}{3}\eta+o(\eta) \tag{2.10}$$

另一驻点 0 值附近的一阶近似可用相同的方法得到。令 $u=0+u'=u'$，得到如下函数：

$$f(u',\varepsilon)=u'^2+2u'\eta+\underline{u'^3+u'^2\eta+\eta^2 u'} \tag{2.11}$$

式中，画线项远小于其他项，即

$$\left|u'^3\right| \ll \left|u'^2\right|, \quad \left|u'^2\eta\right| \ll \left|u'^2\right|, \quad \left|u'\eta^2\right| \ll \left|2u'\eta\right| \tag{2.12}$$

由于 u'、η 很小，在函数 $f(u',\eta)$ 中保留 u' 的主导项，得到如下函数：

$$f_1(u',\eta) = u^2 + 2u'\eta \tag{2.13}$$

其驻点为 $u' = -\eta$ 。

得到 0 附近驻点的一阶近似为

$$\hat{u}_0 + \hat{u}_1 = 0 - \eta + o(\eta) \tag{2.14}$$

至此，得到精确解的前两项渐近扩展，可继续此过程得到更高阶近似。

（3）二阶渐近。将 u 表示为 $u = \hat{u}_0 + \hat{u}_1 + u''$（$\eta \to 0$ 时 $u'' \to 0$），代入原泛函，保留含有 u'' 的主导项。

在 $-\dfrac{2}{3}$ 邻域内，令 $u = -\dfrac{2}{3} + \dfrac{\eta}{3} + u''v$，得到

$$f_2(u'',\eta) = 2\eta^2 u'' - \left(u''\right)^2 \tag{2.15}$$

当 $u'' = \eta^2$ 时驻点为

$$\hat{u}_0 + \hat{u}_1 + \hat{u}_2 = -\frac{2}{3} + \frac{1}{3}\eta + \eta^2 + o(\eta^2) \tag{2.16}$$

在 0 的邻域内，令 $u = -\eta + u''$，保留主导项，得到

$$f_2(u'',\eta) = u''^2 + 2u''^2\eta^2 \tag{2.17}$$

式中，$f_2(u'',\eta)$ 阶的驻点为 $u'' = -\eta^2$，如

$$\hat{u}_0 + \hat{u}_1 + \hat{u}_2 = 0 - \eta - \eta^2 + o(\eta^2) \tag{2.18}$$

式 (2.18) 精确到 $o(\eta^2)$ 的解与式 (2.6) 相同。

渐近分析的主要难点是识别主导项和可忽略的小项，这是渐近分析中最重要和最困难的部分。为确定可忽略的小项，需考虑如下两种情况：

（1）对于泛函 $I(u,\eta)$ 中的两项 $A(u,\eta)$、$B(u,\eta)$，若

$$\lim_{\varepsilon \to 0} \max_{u \in M} \left|\frac{B(u,\eta)}{A(u,\eta)}\right| = 0 \tag{2.19}$$

则对于所有驻点，$B(u,\eta)$ 相对于 $A(u,\eta)$ 可忽略不计，称为全局次要项。

（2）令 $\varepsilon \to 0$，$\hat{u} \to 0$，且任意序列 $\{u_n\}$ 收敛于 $u = 0$，若

$$\lim_{\substack{n \to 0 \\ \varepsilon \to 0}} \left|\frac{B(u,\eta)}{A(u,\eta)}\right| = 0 \tag{2.20}$$

则对于驻点 $\hat{u}_\varepsilon$，$B(u,\eta)$ 相对于 $A(u,\eta)$ 可忽略不计，称为局部次要项。

此例中，驻点 $u = 0$ 附近，ηu^2 相对于 u^2 是全局次要项，ηu 相对于 $2\eta u$ 是全局次要项，u^3 相对于 u^2 是局部次要项。

2.2　代表性结构单胞

在现有文献中，RVE 的概念被广泛用于细观力学中，包含了微观结构组成及其各自界面的尺寸、形状、空间分布和性质。RVE 是获得相应的均匀化宏观连续介质响应的细观力学模型，因此均匀化的准确性很大程度上取决于 RVE 的正确选择。Hill 提出，RVE 在结构上是整个混合物的典型，需要包含足够数量的夹杂。Hashin 和 Shtrikman(1962) 将 RVE 描述为取自整体的单元，该单元与晶体相比较大，但与整体相比较小。应变或应力平均值对于整体和 RVE 是相同的。Drugan 和 Willis(1996) 使用实际复合微观结构的统计特性论证了最小 RVE 需要足够大，才能在统计上代表复合材料，这意味着 RVE 需要包含大量的微观非均匀性(如孔隙、夹杂、孔洞、裂缝、纤维等)。尽管在文献中使用许多类型的 RVE，包括同心圆柱体、立方体、正方形阵列和六边形阵列、矩形模型等，带直边/面的 RVE 仍是最常用的选择，特别是用数值法对实际材料进行建模时。

本书将 RVE 的概念扩展到一个更广泛的层面上，即代表性结构单胞(RSE)，其尺度超出了微观结构，如代表性结构——梁、板、壳、泡沫等。均匀化理论的应用不应局限于微观力学，因为渐近分析中的大、小参数是相对的。例如，计算地球到月球的距离，可以安全地忽略最高山脉与最低海沟的高度差，虽然这个差距很大，但是相对月球和地球之间的距离来说是很小的。均匀化的关键是尺度分离，因此 RSE 概念涵盖各种非均匀材料和具有代表性特征的工程结构。更具体地说，非均匀材料可以是金属合金、金属泡沫材料、复合材料、多孔材料等，以及具有代表性的工程结构，包括夹层结构、波纹板、起重机(图 2.1 空腹式结构)、楼层(图 2.2 多孔结构)等。

图 2.1　起重机的 RSE

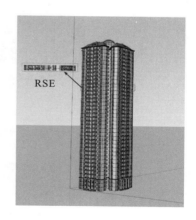

图 2.2　楼层的 RSE

RSE 假设结构存在明显的周期性或统计上的均匀性和遍历性，其有效性可以通过理论分析得到验证。虽然 RSE 定义基于该假设，但仍希望将 RSE 用于均匀化的任何材料或结构块，便于分析者能根据实际情况自由选择 RSE，并依靠人为判断来保证 RSE 的代表性，这样就不违反均匀化理论的基本假设。单胞概念也在文献中广泛使用，有时可以与 RSE 互换使用。本书将单胞定义为最小 RSE，这意味着 RSE 可以包含多个单胞，但是仍然具有相同的有效材料属性。对于严格的周期性介质或结构(如周期性纤维增强复合材料)，可以选择单个纤维作为 RSE。但实际上，纤维随机性总是存在的，所选择的 RSE 区域在其整个几何中也不一定是周期性的。Sab(1992)的研究表明，任何均匀化结果对周期性介质都成立，对统计上的遍历性随机介质也成立。因此，只要非均匀介质满足遍历性假设，就可以认为是 RSE，可以进行均匀化分析。

对于非均匀性结构，可据沿着 1 个、2 个和 3 个方向分为三类 RSE。

(1)一维 RSE：材料沿着厚度方向变化，但沿平面方向保持不变，如二元复合材料。

(2)二维 RSE：材料沿着平面方向变化，但沿轴向保持不变，如纤维增强复合材料。

(3)三维 RSE：材料沿着三个方向变化，如颗粒增强复合材料。

根据异质性特征，可在变分渐近均匀化法中使用一维、二维、三维 RSE，如图 2.3 所示，从理论上获得最大计算效率。

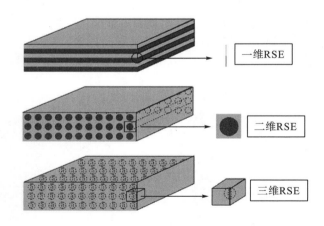

图 2.3　在变分渐近均匀化法中使用的一维、二维、三维 RSE

2.3 变分渐近均匀化理论简介

变分渐近均匀化理论已经不断发展成为非均匀材料多物理场建模的通用细观力学分析方法，可准确预测周期性非均匀材料的有效属性。非均匀复合材料可以均匀化为具有相同有效属性的等效均匀材料，变分渐近均匀化不仅可用于预测完全耦合多物理属性，还可用于相应的局部场预测。其基本原理可用于所有类型材料的性能预测，为了简单起见，这里以线弹性材料为例进行介绍。以周期性作为长度与结构尺寸比，通过能量泛函的渐近展开，从而在 RSE 层面上构建变分表达式。结果表明，控制微分方程和数值均匀化理论的周期性边界条件均可以从变分表达式推导。

利用 RSE 特征尺寸远小于宏观变形的特征波长的事实，可以构建如下约束条件下的最小化问题：

$$\frac{1}{2}\overline{C}_{ijkl}\overline{\varepsilon}_{ij}\overline{\varepsilon}_{kl} = \min_{\text{周期性}\chi_i} \frac{1}{2\Omega}\int_{\Omega} C_{ijkl}\left[\overline{\varepsilon}_{ij} + \chi_{(i|j)}\right]\left[\overline{\varepsilon}_{kl} + \chi_{(k|l)}\right]\mathrm{d}\Omega \qquad (2.21)$$

式中，$\overline{\varepsilon}_{ij}$、$\overline{\varepsilon}_{kl}$ 为全局应变张量；χ_i 为波动函数；Ω 为 RSE 所占据的域；C_{ijkl} 为随着 RSE 异质性变化的四阶弹性张量；$\overline{C}_{ijkl}$ 是均匀化后的有效弹性张量；$\chi_{(i|j)} = \left(\chi_{i,j} + \chi_{j,i}\right)/2$，逗号表示相对于 RSE 坐标的偏导数，即 $\chi_{i,j} = \partial\chi_i / \partial y_i$。波动函数 χ_i 满足周期性约束，即在 RSE 相应边/表面上，χ_i 必须相等。周期性约束是选择的 RSE 必须代表整个复合材料这一基本要求的直接后果。

尽管从式(2.21)中可以直接得到二元复合材料的精确解，但使用有限元技术求解该问题，可充分利用有限元分析的通用性，对任意微观结构的 RSE 进行网格划分。引入如下矩阵符号：

$$\overline{\varepsilon} = \begin{bmatrix} \overline{\varepsilon}_{11} & 2\overline{\varepsilon}_{12} & \overline{\varepsilon}_{22} & 2\overline{\varepsilon}_{13} & 2\overline{\varepsilon}_{23} & \overline{\varepsilon}_{33} \end{bmatrix}^{\mathrm{T}} \qquad (2.22)$$

$$\begin{Bmatrix} \chi_{1,1} \\ \chi_{1,2} + \chi_{2,1} \\ \chi_{2,2} \\ \chi_{1,3} + \chi_{3,1} \\ \chi_{2,3} + \chi_{3,2} \\ \chi_{3,3} \end{Bmatrix} = \begin{bmatrix} ()_{,1} & 0 & 0 \\ ()_{,2} & ()_{,1} & 0 \\ 0 & ()_{,2} & 0 \\ ()_{,3} & 0 & ()_{,1} \\ 0 & ()_{,3} & ()_{,2} \\ 0 & 0 & ()_{,3} \end{bmatrix} \begin{Bmatrix} \chi_1 \\ \chi_2 \\ \chi_3 \end{Bmatrix} \equiv \Gamma_h \chi \qquad (2.23)$$

式中，Γ_h 为算子矩阵；χ 为包含波动函数三个分量的列矩阵。

使用有限元将 χ 离散为

$$\chi(x_i; y_i) = S(y_i)N(x_i) \qquad (2.24)$$

式中，S 为形函数；N 为波动函数节点值的列阵。.

可以将式 (2.21) 右边的函数转换成以下离散形式：

$$\Pi_\Omega = \frac{1}{2\Omega}\left(N^{\mathrm{T}}D_{EE}N + 2N^{\mathrm{T}}D_{h\varepsilon}\bar\varepsilon + \bar\varepsilon^{\mathrm{T}}D_{\varepsilon\varepsilon}\bar\varepsilon\right) \tag{2.25}$$

式中，

$$D_{EE}=\int_\Omega(\Gamma_hS)^{\mathrm{T}}D(\Gamma_hS)\mathrm{d}\Omega,\ D_{h\varepsilon}=\int_\Omega(\Gamma_hS)^{\mathrm{T}}D\mathrm{d}\Omega,\ D_{\varepsilon\varepsilon}=\int_\Omega D\mathrm{d}\Omega \tag{2.26}$$

式中，D 为四阶弹性张量 C_{ijkl} 构成的 6×6 材料矩阵。

当 $N=N_0\bar\varepsilon$ 时，可以使式 (2.25) 中的 Π_Ω 最小化为

$$D_{EE}N_0 = -D_{h\varepsilon} \tag{2.27}$$

波动函数有两个约束，第一个是

$$\langle\chi_i\rangle=0 \tag{2.28}$$

这表示 χ_i 在 RSE 上具有零体积平均值；第二个约束是 χ_i 的周期性，即 χ_i 在 RSE 的相应边/表面上必须相等，这是选择 RSE 代表整个复合材料这一基本要求下的直接结果。再将这两个约束应用于式 (2.25)，可以得到如下线性系统：

$$\tilde D_{EE}\tilde N_0 = -\tilde D_{h\varepsilon} \tag{2.29}$$

将式 (2.29) 代入式 (2.25)，得到有效刚度矩阵 $\bar D$ 为

$$\bar D = \frac{1}{\Omega}\left(\tilde N_0^{\mathrm{T}}\tilde D_{h\varepsilon} + D_{\varepsilon\varepsilon}\right) \tag{2.30}$$

如果材料特征为正交各向异性，则可以从 $\bar D$ 中计算有效弹性常数 (如杨氏模量、泊松比和剪切模量)。

从式 (2.29) 的 $\tilde N_0$ 和周期性条件中重新得到 N_0，局部应变场可以用下列公式重构：

$$\varepsilon=\bar\varepsilon+\Gamma_hSN_0\bar\varepsilon \tag{2.31}$$

局部应力场可以直接通过本构关系得到

$$\sigma=D\varepsilon \tag{2.32}$$

从上述两个方程中可以清楚地看出，局部应力场和应变场的计算只涉及一些简单的代数乘法和加法，在重构过程中完全避免了复杂的线性系统计算。

2.4 等效板模型

若结构的一维尺寸比另外两维尺寸要小得多 (如平板或曲板)，则可以使用板或壳模型简化其结构分析。本节重点讨论平板模型简化。从数学上来说，板可以看成退化的壳。图 2.4 是厚度为常数的矩形板示意图。通常板不一定是矩形，厚度也不一定是常数，只要求厚度比平面尺寸小。对于图 2.4 中的矩形板，要求

$h/a \ll 1$，$h/b \ll 1$，$a \approx b$。如果是半径为 r 的圆形板，则要求 $h/r \ll 1$。为进一步讨论板理论，引入参考面和横法线两个术语。板的参考面沿着两个较大的尺寸定义，如图 2.4 中的 x_1、x_2。参考面的选择有很多种，通常选择板中面作为参考面。在未变形状态下，板结构的参考面实际上是一个平面。横法线沿厚度方向，在图 2.4 中用 x_3 表示。不失一般性，将 x_3 的原点定位在参考面上，即 $x_3 = 0$ 表示参考面。参考面上的点用 (x_1, x_2) 表示，竖向为横法线。如果选择中面作为参考面，则 x_3 的取值为 $-h/2 \sim h/2$。如果厚度不是常数，可以将厚度作为 x_1 和 x_2 的函数。为了将结构合理地模拟为板，要求板的厚度沿参考面平滑变化。

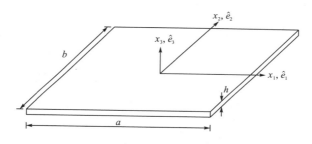

图 2.4　矩形板示意图

尽管可以使用三维有限元法对复杂结构进行常规分析，但在初步设计阶段通常会使用简单的板模型进行分析，以更少的计算量为结构行为分析提供有价值的结果。不同板模型的准确度不同，如最简单的模型是经典板模型(也称为 Kirchhoff 板模型)，可以为薄板提供合理的预测。该板模型的推导至少有三种方法：基于自由体图的牛顿法、基于 Kantorovich 模型的变分法和变分渐近法。牛顿法和变分法都是基于各种特定的假设(包括结构内三维应力场的 Kirchhoff 运动学假设和动力学假设)，因此也将牛顿法和变分法称为特定方法。牛顿法直观易懂，但在发展新模型和分析实际结构时相当烦琐且容易出错。相反，变分法具有系统性，易于处理实际结构，因此通常采用变分法推导出新的板模型。变分渐近法是近些年发展的板建模方法，具有变分法的优点，不需要使用特定假设。以下将介绍这三种方法建立各向同性均匀板(由单一各向同性材料制成的板结构)经典板模型的详细过程，以了解不同方法的优缺点。

板模型无论简单还是复杂，本质上都是二维模型，需用一组关于板参考面坐标的方程代替原三维结构的控制方程，也就是需要用二维运动学、动力学和能量学替换原三维对应物。

板模型可以看成是三维弹性理论的一种近似值，有必要回顾下三维弹性理论的基础知识。为简单起见，此处只讨论材料和几何线性问题。线弹性理论包含运动学(连续位移场 u_i)、动力学(连续应力场 σ_{ij})和能量学(材料的本构行为)三部分。

板内任一点处需满足应变-位移关系，即

$$\Gamma_{ij} = \frac{1}{2}\left(u_{i,j} + u_{j,i}\right) \tag{2.33}$$

根据平衡方程：

$$\sigma_{ji,j} + f_i = 0 \tag{2.34}$$

得到本构关系：

$$
\begin{Bmatrix}
\Gamma_{11} \\
\Gamma_{22} \\
\Gamma_{33} \\
2\Gamma_{23} \\
2\Gamma_{13} \\
2\Gamma_{12}
\end{Bmatrix}
= \frac{1}{E}
\begin{bmatrix}
1 & -\nu & -\nu & 0 & 0 & 0 \\
-\nu & 1 & -\nu & 0 & 0 & 0 \\
-\nu & -\nu & 1 & 0 & 0 & 0 \\
0 & 0 & 0 & 2(1+\nu) & 0 & 0 \\
0 & 0 & 0 & 0 & 2(1+\nu) & 0 \\
0 & 0 & 0 & 0 & 0 & 2(1+\nu)
\end{bmatrix}
\begin{Bmatrix}
\sigma_{11} \\
\sigma_{22} \\
\sigma_{33} \\
\sigma_{23} \\
\sigma_{13} \\
\sigma_{12}
\end{Bmatrix} \tag{2.35}
$$

对于各向同性弹性材料，式(2.35)通常称为广义胡克定律。6×6 矩阵是柔度矩阵，E 为杨氏模量，ν 为泊松比。式(2.35)中的本构关系可以简单地转换为 6×6 刚度矩阵。

式(2.33)、式(2.34)和式(2.35)中共 15 个方程构成完整的系统，以求解 15 个未知数（u_i、Γ_{ij} 和 σ_{ij}，其中 Γ_{ij} 和 σ_{ij} 具有对称性）。显然，边界也是结构的一部分，这意味着上述方程也适用于边界上的点。但在某些固定边界需要满足附加方程。如果边界表面的位移定义为 u_i^*，则需满足

$$u_i = u_i^* \tag{2.36}$$

如果边界面存在面力 t_i，则需满足

$$\sigma_{ij}n_i = t_i \tag{2.37}$$

与梁使用沿参考轴的一维模型类似，可利用板的横法向尺寸远小于参考面尺寸的特征建立二维板模型。

为了使用特定假设法建立板模型，引入关于板横法向变形的运动学假设。即在推导经典板模型时引入 Kirchhoff 假设，以便用二维位移和二维应变分别表示三维位移场和三维应变场。与推导经典梁模型类似，应力场假设也用于将三维应力场与三维应变场联系起来。这些假设对于各向同性均匀板通常是合理的，但对于一般各向异性、非均匀材料（如复合材料层压板或夹心板）是不准确的。如果使用变分渐近法建立板模型，则不需要这些特定假设。

2.4.1　板的运动学

如前所述，使用牛顿法和变分法推导的经典板模型是从 Kirchhoff 最初所做的运动学假设开始的。首先讨论该假设对运动学的影响。

1. 基于 Kirchhoff 假设的位移场

Kirchhoff 假设是：①板横法向刚度无限大；②板变形时的横法线保持直线；③板变形时的横法线保持与参考面垂直。

如果用截面代替横法线，用梁轴线代替参考面，这些假设与推导经典梁模型的 Euler-Bernoulli 假设是相似的。实验表明，这些假设对于由各向同性材料制成的薄板是合理的。当这些条件不满足时，基于这些假设推导出的经典板模型是不准确的。

Kirchhoff 假设的数学含义可用图 2.5 所示的平面位移场分解进行说明。为便于板模型推导，引入一组沿坐标 x_i 方向的单位向量 $\hat{e}_i$，该组单位向量交于板内一点，$\hat{e}_3$ 沿横法线，$\hat{e}_1$ 和 $\hat{e}_2$ 定义板参考面。$u_1(x_1, x_2, x_3)$、$u_2(x_1, x_2, x_3)$ 和 $u_3(x_1, x_2, x_3)$ 分别为沿 $\hat{e}_1$、$\hat{e}_2$ 和 $\hat{e}_3$ 方向的位移。

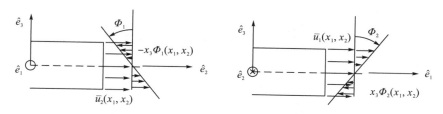

图 2.5　平面位移场的分解

Kirchhoff 假设①称，板横法向刚度无限大，这意味着横法线上各点都沿着横向刚性运动。若板内各点具有相同平面坐标 x_1, x_2，则其横向位移也是相同的。也就是说，板的横向位移场可以用 x_1, x_2 描述为

$$u_3(x_1, x_2, x_3) = \bar{u}_3(x_1, x_2) \tag{2.38}$$

Kirchhoff 假设②称，横法线在变形过程中保持直线。这意味着板的面内位移场是关于 x_3 的线性函数，即

$$u_1(x_1, x_2, x_3) = \bar{u}_1(x_1, x_2) + x_3 \Phi_2(x_1, x_2)$$
$$u_2(x_1, x_2, x_3) = \bar{u}_2(x_1, x_2) - x_3 \Phi_1(x_1, x_2) \tag{2.39}$$

式中，$\bar{u}_\alpha$ 为参考面 ($x_3 = 0$) 上点的平面位移。

虽然旋转中心不一定在 x_3 的原点，但仍然可以用式 (2.39) 表示板内任一点的旋转，因为由旋转中心移动产生的任何面内位移都可以合并到未知函数 $\bar{u}_1(x_1, x_2)$ 和 $\bar{u}_2(x_1, x_2)$ 中。式 (2.39) 中面内位移的物理意义可用图 2.6 加以说明，图中横法向刚体位移 $\bar{u}_i(x_1, x_2)$ 以沿 $\hat{e}_i$ 轴向为正，横法向刚体旋转 $\Phi_1(x_1, x_2)$ 和 $\Phi_2(x_1, x_2)$ 以绕轴线 $\hat{e}_1$ 和 $\hat{e}_2$ 顺时针旋转为正。式 (2.39) 第二个方程的最后一项是负号，因为 Φ_1 产生沿 x_2 负方向的平面位移 (图 2.6)。

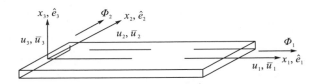

图 2.6　板的位移和旋转的符号约定

Kirchhoff 假设③称，板变形时的横法线保持与参考面垂直。这意味着参考面的斜率与横法线的旋转相等(图 2.7)，即

$$\Phi_1 = \overline{u}_{3,2}, \qquad \Phi_2 = -\overline{u}_{3,1} \tag{2.40}$$

式中，下标逗号表示相对于平面坐标的偏导数，即 $\overline{u}_{3,2} = \partial \overline{u}_3 / \partial x_2$。

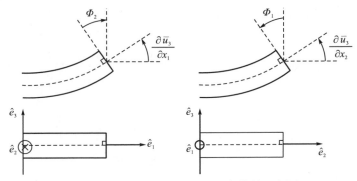

图 2.7　参考面倾斜和横法向正向旋转示意图

将式(2.40)代入式(2.39)，可以从平面位移场中消除横法向旋转。由 Kirchhoff 假设得到的板完整三维位移场为

$$u_1(x_1, x_2, x_3) = \overline{u}_1(x_1, x_2) - x_3 \overline{u}_{3,1}$$
$$u_2(x_1, x_2, x_3) = \overline{u}_2(x_1, x_2) - x_3 \overline{u}_{3,2} \tag{2.41}$$
$$u_3(x_1, x_2, x_3) = \overline{u}_3(x_1, x_2)$$

Kirchhoff 假设可以等价为对结构的约束，结构行为必须受该约束的限制。在这些约束下，整个系统的刚性比初始状态更大。即相同载荷下，基于 Kirchhoff 假设的经典板模型得到的位移比不使用这些假设的三维弹性理论得到的位移要小。Kirchhoff 三种假设的一种或全部假设可以用其他假设取代。例如，去掉 Kirchhoff 假设③，意味着横法线在变形时保持直线，但不一定垂直于参考面。实际上，这正是 Reissner-Mindlin 板模型推导的出发点。由于 Reissner-Mindlin 板模型不需要该假设，得到的位移将大于基于 Kirchhoff 假设的经典板模型得到的位移。

显然，板的完整三维位移场可以用二维位移 $\overline{u}_i(x_1, x_2)$ 表示。基于 Kirchhoff 假设得到的经典板模型可用 $\overline{u}_i$ (仅与平面坐标 x_1 和 x_2 有关的二维函数)表示，即通过使用 Kirchhoff 假设将二维位移 $\bar{u}_i(x_1,x_2)$ 与三维位移 $u_i(x_1,x_2,x_3)$ 联系起来。

2. 应变场

为了分析几何线性问题，应变场可使用三维线弹性力学定义为

$$\Gamma_{ij}=\frac{1}{2}\left(u_{i,j}+u_{j,i}\right) \tag{2.42}$$

将式(2.41)的位移场代入式(2.42)，得到三维应变场

$$\begin{aligned}
&\Gamma_{11}(x_1,x_2,x_3)=\bar{u}_{1,1}-x_3\bar{u}_{3,11}\\
&\Gamma_{22}(x_1,x_2,x_3)=\bar{u}_{2,2}-x_3\bar{u}_{3,22}\\
&2\Gamma_{12}(x_1,x_2,x_3)=\bar{u}_{1,2}+\bar{u}_{2,1}-2x_3\bar{u}_{3,12}\\
&\Gamma_{13}(x_1,x_2,x_3)=\Gamma_{23}(x_1,x_2,x_3)=\Gamma_{33}(x_1,x_2,x_3)=0
\end{aligned} \tag{2.43}$$

Kirchhoff 假设①导致横法向应变 Γ_{33} 为零；Kirchhoff 假设②直接导致面内应变 Γ_{11}、Γ_{12}、Γ_{22} 是 x_3 的线性函数；Kirchhoff 假设③直接导致横向剪应变 Γ_{13}、Γ_{23} 为零。

为便于推导，引入如下二维板应变：

$$\varepsilon_{\alpha\beta}(x_1,x_2)=\frac{1}{2}\left(\bar{u}_{\alpha,\beta}+\bar{u}_{\beta,\alpha}\right),\quad \kappa_{\alpha\beta}(x_1,x_2)=-\bar{u}_{3,\alpha\beta} \tag{2.44}$$

式中，$\varepsilon_{\alpha\beta}$ 为板面内应变；$\kappa_{\alpha\beta}$ 为变形参考面的曲率。

式(2.44)即二维板的应变-位移关系。

将式(2.44)代入式(2.43)，得到

$$\begin{aligned}
&\Gamma_{\alpha\beta}(x_1,x_2,x_3)=\varepsilon_{\alpha\beta}+x_3\kappa_{\alpha\beta}\\
&\Gamma_{13}(x_1,x_2,x_3)=\Gamma_{23}(x_1,x_2,x_3)=\Gamma_{33}(x_1,x_2,x_3)=0
\end{aligned} \tag{2.45}$$

至此，原三维应变场用经典板应变表示，建立了二维运动学变量（$\bar{u}_i(x_1,x_2)$、$\varepsilon_{\alpha\beta}(x_1,x_2)$、$\kappa_{\alpha\beta}(x_1,x_2)$）表示的三维运动学方程即式(2.45)和式(2.41)。

2.4.2　板的动力学

在已知应变场的情况下，利用广义胡克定律可以得到各向同性线弹性材料板的应力场：

$$\begin{aligned}
&\sigma_{11}=\left(\lambda+2G\right)\Gamma_{11}+\lambda\Gamma_{22}\\
&\sigma_{22}=\left(\lambda+2G\right)\Gamma_{22}+\lambda\Gamma_{11}\\
&\sigma_{12}=2G\Gamma_{12}\\
&\sigma_{33}=\lambda\left(\Gamma_{11}+\Gamma_{22}\right)\\
&\sigma_{13}=\sigma_{23}=0
\end{aligned} \tag{2.46}$$

式中，$\lambda=\dfrac{\nu E}{(1+\nu)(1-2\nu)}$，剪切模量 $G=\dfrac{E}{2(1+\nu)}$。

式(2.46)的应力场与实验结果不完全一致。为了得到更准确的结果，需要引入关于应力场的附加假设。由于板的厚度比平面尺寸要小得多，可以假设横向应力 $\sigma_{i3} \approx 0$，但该假设与式(2.46)中的应力场明显不同(特别是 $\sigma_{33} \approx 0$)，而式(2.46)中的应力场是基于 Kirchhoff 假设得到的应变场推导的。原因是 Kirchhoff 假设① 是横法线保持刚性，这显然违背了泊松效应导致板沿厚度方向变形的实际情况。因此，之前的运动学假设不成立，需引入以下应力场假设：

$$\sigma_{13} = \sigma_{23} = \sigma_{33} = 0 \tag{2.47}$$

根据 Kirchhoff 假设③和材料各向同性，式(2.46)中的 σ_{13}、σ_{23}、σ_{33} 消失。如果材料具有一般各向异性，尽管 Kirchhoff 假设③使得横向剪应变 $\Gamma_{13} = \Gamma_{23} = 0$，但式(2.46)中的 σ_{13}、σ_{23} 不消失。式(2.47)的应力假设通常称为平面应力假设。为了符合材料各向同性特征，还必须假定横法向应变 $\Gamma_{33} \neq 0$。根据广义胡克定律，可得

$$\sigma_{33} = (\lambda + 2G)\Gamma_{33} + \lambda(\Gamma_{11} + \Gamma_{22}) \tag{2.48}$$

根据式(2.47)的假设可得

$$\Gamma_{33} = -\frac{\lambda}{\lambda + 2G}(\Gamma_{11} + \Gamma_{22}) = \frac{\nu}{\nu - 1}(\Gamma_{11} + \Gamma_{22}) \tag{2.49}$$

这与基于 Kirchhoff 假设得到的式(2.45)相矛盾，除了 $\nu = 0$ 时，一般情况下式(2.45)中 $\Gamma_{33} = 0$ 是不正确的。

将式(2.49)的横法向应变以及式(2.45)的应变代入广义胡克定律，得到如下应力场：

$$\sigma_{11} = \frac{E}{1 - \nu^2}(\Gamma_{11} + \nu\Gamma_{22})$$
$$\sigma_{22} = \frac{E}{1 - \nu^2}(\Gamma_{22} + \nu\Gamma_{11})$$
$$\sigma_{12} = 2G\Gamma_{12} \tag{2.50}$$
$$\sigma_{33} = 0$$
$$\sigma_{13} = \sigma_{23} = 0$$

显然，式(2.50)的应力场与式(2.46)不同，这意味着式(2.50)的应力场与最初的 Kirchhoff 假设相冲突。这种矛盾在基于特定假设导出的结构模型中很常见。综上所述，为了推导基于特定假设的经典板模型，首先必须使用 Kirchhoff 假设将三维运动学方程与二维运动学方程相关联，然后利用式(2.46)得到三维应力场。即在随后的推导中使用式(2.45)的三维应变和式(2.50)的三维应力，尽管它们是使用相互矛盾的假设得到的。

还需要注意，式(2.50)的横向剪应力为零。因为 Kirchhoff 假设横向剪应变为零。假定在变形过程中横法线垂直于参考面，也就是假设板在横向剪切中具有无限刚性。因此，横向剪应力不能根据本构方程求出，必须根据平衡条件来确定。

　　为了构建二维板模型，还需要引入一组二维动力学变量（板内力），以便与对应的三维应力场联系起来。板内力定义如下：

$$N_{\alpha\beta} = \langle \sigma_{\alpha\beta} \rangle, \qquad M_{\alpha\beta} = \langle x_3 \sigma_{\alpha\beta} \rangle \tag{2.51}$$

式中，尖括号表示沿板厚度积分。

　　由 $\sigma_{12} = \sigma_{21}$ 可得 $N_{12} = N_{21}$ 和 $M_{12} = M_{21}$。板内力符号约定如图 2.8 所示。横向剪切内力 N_{13}、N_{23} 的定义与式（2.51）的第一个方程相似，即

$$N_{13} = \langle \sigma_{11} \rangle, \qquad N_{23} = \langle \sigma_{12} \rangle \tag{2.52}$$

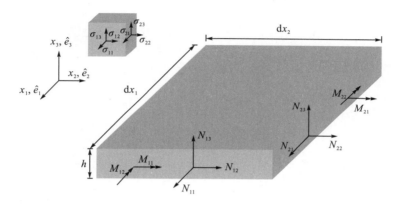

图 2.8　板内力的符号约定

　　根据 Kirchhoff 假设③和胡克定律，式（2.50）中的 σ_{13}、σ_{23} 为零。但这些应力实际上并不等于零，需要平衡板上的竖向载荷。横向剪应力不能直接从本构方程求得，但可从平衡条件得到 N_{13}、N_{23}，并通过 N_{13}、N_{23} 近似估计 σ_{11}、σ_{12}。例如，可以假设横向剪应力沿厚度近似均匀分布，则 $\sigma_{11} \approx N_{13}/h$，$\sigma_{12} \approx N_{23}/h$。横向剪应力的另一种求解方法是在已知面内应力 $\sigma_{\alpha\beta}$ 的情况下，通过三维平衡方程估算。N_{13}、N_{23} 在二维经典板模型中不是动力学变量，仅用于牛顿法推导平衡方程。

　　建立完整的动力学方程，需要在二维平板动力学变量 $N_{\alpha\beta}$、$M_{\alpha\beta}$ 之间建立控制方程，这些方程可使用牛顿法或变分法建立。

2.4.3　板的能量学

　　将式（2.45）中的三维应变场代入式（2.50）中的三维应力，再代入式（2.51）。得到

$$N_{11}=\left\langle\frac{E}{1-v^2}\right\rangle\varepsilon_{11}+\left\langle\frac{Ev}{1-v^2}\right\rangle\varepsilon_{22}+\left\langle\frac{x_3E}{1-v^2}\right\rangle\kappa_{11}+\left\langle\frac{x_3Ev}{1-v^2}\right\rangle\kappa_{22}$$

$$N_{22}=\left\langle\frac{Ev}{1-v^2}\right\rangle\varepsilon_{11}+\left\langle\frac{E}{1-v^2}\right\rangle\varepsilon_{22}+\left\langle\frac{x_3Ev}{1-v^2}\right\rangle\kappa_{11}+\left\langle\frac{x_3E}{1-v^2}\right\rangle\kappa_{22}$$

$$N_{12}=\left\langle\frac{E}{2(1+v)}\right\rangle2\varepsilon_{12}+\left\langle\frac{x_3E}{2(1+v)}\right\rangle2\kappa_{22}$$

$$M_{11}=\left\langle\frac{x_3E}{1-v^2}\right\rangle\varepsilon_{11}+\left\langle\frac{x_3Ev}{1-v^2}\right\rangle\varepsilon_{22}+\left\langle\frac{x_3^2E}{1-v^2}\right\rangle\kappa_{11}+\left\langle\frac{x_3^2Ev}{1-v^2}\right\rangle\kappa_{22} \quad (2.53)$$

$$M_{22}=\left\langle\frac{x_3Ev}{1-v^2}\right\rangle\varepsilon_{11}+\left\langle\frac{x_3E}{1-v^2}\right\rangle\varepsilon_{22}+\left\langle\frac{x_3^2Ev}{1-v^2}\right\rangle\kappa_{11}+\left\langle\frac{x_3^2Ev}{1-v^2}\right\rangle\kappa_{22}$$

$$M_{12}=\left\langle\frac{x_3E}{2(1+v)}\right\rangle2\varepsilon_{11}+\left\langle\frac{x_3^2E}{2(1+v)}\right\rangle\kappa_{22}$$

式(2.53)中的本构关系可改写为矩阵形式，即

$$\begin{Bmatrix}N_{11}\\N_{22}\\N_{12}\\M_{11}\\M_{22}\\M_{12}\end{Bmatrix}=\begin{bmatrix}A&B\\B&D\end{bmatrix}\begin{Bmatrix}\varepsilon_{11}\\2\varepsilon_{12}\\\varepsilon_{22}\\\kappa_{11}\\2\kappa_{12}\\\kappa_{22}\end{Bmatrix} \quad (2.54)$$

式中，A 为延伸刚度矩阵；B 为拉-弯耦合刚度矩阵；D 为弯曲刚度矩阵。

对于由单一均匀各向同性材料构成的板，有

$$A=\frac{Eh}{1-v^2}\Delta,\quad B=\frac{E\langle x_3\rangle}{1-v^2}\Delta,\quad D=\frac{E\langle x_3^2\rangle}{1-v^2}\Delta,\quad \Delta=\begin{bmatrix}1&0&v\\0&\frac{1-v}{2}&0\\v&0&1\end{bmatrix} \quad (2.55)$$

若 x_3 的原点位于板中面，即 $-\frac{h}{2}\leqslant x_3\leqslant\frac{h}{2}$，则有 $\langle x_3\rangle=0$ 和 $\langle x_3^2\rangle=\frac{h^3}{12}$。此时，拉-弯耦合刚度矩阵 B 为零。

式(2.54)可以看成是经典板模型的本构方程，即广义胡克定律对应的二维关系。其 6×6 对称矩阵通常称为经典板刚度矩阵。由于假设板由单一各向同性材料构成，以及板中面作为参考面，弯曲行为与拉伸行为解耦，这意味着拉-弯耦合刚度矩阵 B 为零。但许多情况下可能会导致矩阵 B 为非零矩阵，需要对拉-弯耦合行为进行研究。对于复合材料板结构，刚度矩阵可以完全填充，使得 A、B 和 D 是完全填充的 3×3 对称矩阵，一般情况下的拉伸行为和弯曲行为是完全耦合的。

2.4.4　板的平衡方程

在经典板问题中，需要求解板位移 $\overline{u}_i$、板应变 $\varepsilon_{\alpha\beta}$ 和 $\kappa_{\alpha\beta}$、内力 $N_{\alpha\beta}$ 和 $M_{\alpha\beta}$，共 15 个未知数，其中 $\varepsilon_{12}=\varepsilon_{21}$，$\kappa_{12}=\kappa_{21}$，$N_{12}=N_{21}$，$M_{12}=M_{21}$。到目前为止，已经得到式 (2.44) 的 6 个二维应变-位移方程和式 (2.54) 的 6 个二维本构方程，共 12 个方程，还缺少 3 个方程以构成完整的系统。这 3 个方程可以使用牛顿法或变分法推导出。

为了用牛顿法推导出经典板模型的平衡方程，需要使用自由体图建立板微分单元平衡方程。考虑板结构承受如下载荷：参考面上的分布力 p_i 和力矩 q_α、沿着参考面边界的分布力 P_i 和力矩 Q_α、沿 $\hat{e}_1$、$\hat{e}_2$ 和 $\hat{e}_3$ 的表面力 $p_1(x_1,x_2)$、$p_2(x_1,x_2)$ 和 $p_3(x_1,x_2)$。表面力矩 $q_1(x_1,x_2)$ 和 $q_2(x_1,x_2)$ 分别绕轴线 $\hat{e}_1$ 和 $\hat{e}_2$ 作用，沿边界的力矩 Q_1 和 Q_2 同样绕轴线 $\hat{e}_1$ 和 $\hat{e}_2$ 作用。可以在平面内任意处施加一组或多组集中力和力矩。这里需要注意，力 p_i 和力矩 q_α 作用在 x_3 的原点处，仅是 x_1 和 x_2 的函数，也就是说，仅沿着参考面轴线分布而不沿着厚度分布。实际上，在原三维结构的弹性框架内分布有体力和沿边界面的面力。二维载荷与三维载荷在静力学上相等，即三维载荷在三个方向上产生的合力和合力矩应与二维载荷产生的合力和合力矩相等。值得注意的是，经典板模型不能考虑 $\hat{e}_3$ 方向的 q_3 或 Q_3。

平衡方程可以通过微分板单元的自由体图推导。首先分析沿着板平面方向的力平衡。考虑如图 2.9 所示的微分板单元，$\hat{e}_1$ 方向上的合力为

$$\frac{\partial N_{11}}{\partial x_1}+\frac{\partial N_{12}}{\partial x_2}+p_1=0 \tag{2.56}$$

$\hat{e}_2$ 方向上的合力为

$$\frac{\partial N_{21}}{\partial x_1}+\frac{\partial N_{22}}{\partial x_2}+p_2=0 \tag{2.57}$$

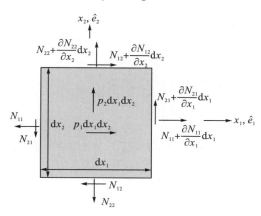

图 2.9　面内力的自由体图

分析图 2.10 所示的沿 $\hat{e}_3$ 方向微分板单元力的平衡，得到沿 $\hat{e}_3$ 方向上的合力为

$$\frac{\partial N_{13}}{\partial x_1} + \frac{\partial N_{23}}{\partial x_2} + p_3 = 0 \tag{2.58}$$

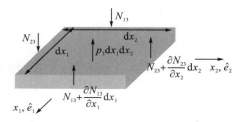

图 2.10　横向剪应力的自由体图

平衡即沿着各个方向的力矩总和为零。如图 2.11 所示，对平行于 $\hat{e}_1$ 方向的力矩求和，得到

$$-\frac{\partial M_{12}}{\partial x_1} - \frac{\partial M_{22}}{\partial x_2} + q_1 + N_{23} = 0 \tag{2.59}$$

平行于 $\hat{e}_2$ 方向的力矩为

$$\frac{\partial M_{11}}{\partial x_1} + \frac{\partial M_{21}}{\partial x_2} + q_2 - N_{13} = 0 \tag{2.60}$$

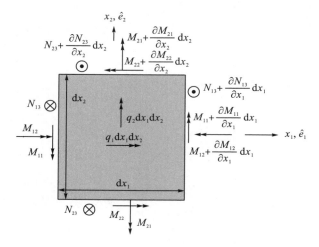

图 2.11　力矩和横向剪应力的自由体图

$\hat{e}_3$ 方向的力矩平衡从与图 2.11 类似的自由体图得到 $N_{12} = N_{21}$，但面内剪应力 $\sigma_{12} = \sigma_{21}$ 已经满足这个条件。通过式 (2.59) 对 x_2 求导和式 (2.60) 对 x_1 求导，可以从平衡方程中消去横向力 $N_{\alpha 3}$。然后利用式 (2.58)，得到弯矩平衡方程为

$$\left(M_{11,1} + M_{21,2} + q_2\right)_{,1} + \left(M_{12,1} + M_{22,2} - q_1\right)_{,2} + p_3 = 0 \tag{2.61}$$

式 (2.56)、式 (2.57) 和式 (2.61) 是完成经典板理论所需的最后 3 个方程。

经典板理论由以下方程表征：① 式 (2.44) 的 6 个运动学应变-位移方程；② 式 (2.56)、式 (2.57) 和式 (2.61) 3 个动力学平衡方程；③ 式 (2.53) 的 6 个能量学本构方程。使用这些方程和适当的边界条件求解板位移 $\bar{u}_i$、板应变 $\varepsilon_{\alpha\beta}$ 和 $\kappa_{\alpha\beta}$、板内力 $N_{\alpha\beta}$ 和 $M_{\alpha\beta}$，共 15 个关于 x_1、x_2 的二维未知函数。解出这些未知函数后可以用式 (2.41) 重构三维位移场，用式 (2.45) 重构三维应变场，用式 (2.50) 重构三维应力场。

如果无拉-弯耦合刚度矩阵 B，则将 Kirchhoff 板问题分解成以下两个更简单的问题。

(1) 平面问题：涉及 $\bar{u}_\alpha$、$\varepsilon_{\alpha\beta}$ 和 $N_{\alpha\beta}$ 共 8 个未知数，相应的 8 个控制方程分别是式 (2.45) 的前 3 个位移方程、式 (2.53) 的前 3 个本构方程、式 (2.56) 和式 (2.57) 2 个平衡方程。

(2) 弯曲问题：涉及 $\bar{u}_3$、$\kappa_{\alpha\beta}$ 和 $M_{\alpha\beta}$ 共 7 个未知数，相应的 7 个控制方程分别是式 (2.44) 的后 3 个位移方程、式 (2.53) 的后 3 个本构方程和式 (2.61) 的平衡方程。

接下来考虑如何消除板应变和内力，推导出位移公式解决弯曲问题。将式 (2.44) 的二维应变-位移方程代入式 (2.53) 的二维本构方程，再代入式 (2.61) 的力矩平衡方程，得到以下经典板理论弯曲问题的位移公式：

$$\bar{u}_{3,1111} + 2\bar{u}_{3,1122} + \bar{u}_{3,2222} = \frac{q_{2,1} - q_{1,2} + p_3}{D} \tag{2.62}$$

式中，$D = \dfrac{Eh^3}{12\left(1 - v^2\right)}$ 表示板弯曲刚度。

式 (2.62) 中基于 Kirchhoff 假设的弯曲平衡方程是横向位移双调和偏微分方程，其缩略式为

$$\Delta^4 \bar{u}_3 = \frac{q_{2,1} - q_{1,2} + p_3}{D} \tag{2.63}$$

后面会对边界条件进行讨论。

2.4.5　基于变分法的等效板模型

基于 Kantorovich 模型的变分法可以更系统地导出经典板模型的平衡方程。Kantorovich 模型的目标是将原三维问题简化为二维问题，需要根据二维未知函数 (关于面内坐标 x_α 的函数) 和已知函数 (关于横坐标 x_3 的函数) 来近似原三维场。为此，将基于 Kirchhoff 假设的位移场式 (2.41) 作为三维位移场的近似函数，式 (2.50) 作为三维应力场的近似函数。对于原三维结构，可以施加体力 f_i，以及顶面 τ_i、底面 β_i 和侧面 t_i 的面力。板结构的虚功原理可以表示为

$$\frac{1}{2}\int_S \delta U_{2D}\mathrm{d}S = \delta W \tag{2.64}$$

式中，U_{2D} 为参考面 S 上定义的二维应变能密度。显然，二维应变能密度是三维应变能密度在厚度上的积分，即

$$U_{2D} = \frac{1}{2}\langle \sigma_{ij}\varepsilon_{ij}\rangle \tag{2.65}$$

式中，尖括号表示沿厚度的积分。

施加载荷的虚功 δW 可以表示为

$$\delta W = \int_S \left(\langle f_i\delta u_i\rangle + \underline{\beta_i\delta u_i\left(x_1,x_2,-\frac{h}{2}\right) + \tau_i\delta u_i\left(x_1,x_2,\frac{h}{2}\right)} \right)\mathrm{d}S + \int_\Omega \langle t_i\delta u_i\rangle\mathrm{d}\Omega \tag{2.66}$$

式中，Ω 表示板参考面的边界曲线，即板的侧面边界与板参考面的交线，加下画线的项表示在板底面（$x_3=-h/2$）和顶面（$x_3=h/2$）所做的虚功。

将式（2.41）表示的三维位移场代入式（2.66），可得

$$\delta W = \int_S \left(p_i\delta\overline{u}_i + q_\alpha\delta\Phi_\alpha \right)\mathrm{d}S + \int_\Omega \left(P_i\delta\overline{u}_i + Q_\alpha\delta\Phi_\alpha \right)\mathrm{d}\Omega \tag{2.67}$$

式中

$$\begin{aligned}
p_i\left(x_1,x_2\right) &= \langle f_i\rangle + \beta_i + \tau_i \\
q_1\left(x_1,x_2\right) &= \frac{h}{2}\left(\beta_2 - \tau_2\right) - \langle x_3 f_2\rangle \\
q_2\left(x_1,x_2\right) &= \frac{h}{2}\left(\tau_1 - \beta_1\right) + \langle x_3 f_1\rangle \\
P_i &= \langle t_i\rangle, \quad Q_1 = -\langle x_3 t_2\rangle, \quad Q_2 = \langle x_3 t_1\rangle
\end{aligned} \tag{2.68}$$

根据 Kirchhoff 假设③，有 $\Phi_1=\overline{u}_{3,2}$ 和 $\Phi_2=-\overline{u}_{3,1}$。此处提供了系统的方法得到沿参考面的分布力 $p_i\left(x_1,x_2\right)$ 和力矩 $q_\alpha\left(x_1,x_3\right)$，以及沿边界曲线的分布力 P_i 和力矩 Q_α（牛顿法中基于原三维结构上的体力和面力）。

将式（2.50）表示的三维应力场代入式（2.65），可得

$$U_{2D} = \frac{1}{2}\langle \sigma_{\alpha\beta}\Gamma_{\alpha\beta}\rangle = \frac{1}{2}\left\langle \frac{E}{1-\nu^2}\left(\Gamma_{11}^2 + 2\nu\Gamma_{11}\Gamma_{22} + \Gamma_{22}^2\right) + G\left(2\Gamma_{12}\right)^2 \right\rangle \tag{2.69}$$

将式（2.45）中表示的三维应变场代入式（2.69），得到

$$U_{2\mathrm{D}} = \begin{Bmatrix} \varepsilon_{11} \\ 2\varepsilon_{12} \\ \varepsilon_{22} \\ \kappa_{11} \\ 2\kappa_{12} \\ \kappa_{22} \end{Bmatrix} \begin{bmatrix} \left\langle \dfrac{E}{1-\nu^2} \right\rangle & 0 & \left\langle \dfrac{\nu E}{1-\nu^2} \right\rangle & \left\langle \dfrac{x_3 E}{1-\nu^2} \right\rangle & 0 & \left\langle \dfrac{x_3 \nu E}{1-\nu^2} \right\rangle \\[1.5em] 0 & \left\langle \dfrac{E}{2(1+\nu)} \right\rangle & 0 & 0 & \left\langle \dfrac{x_3 E}{2(1+\nu)} \right\rangle & 0 \\[1.5em] \left\langle \dfrac{\nu E}{1-\nu^2} \right\rangle & 0 & \left\langle \dfrac{E}{1-\nu^2} \right\rangle & \left\langle \dfrac{x_3 \nu E}{1-\nu^2} \right\rangle & 0 & \left\langle \dfrac{x_3 E}{1-\nu^2} \right\rangle \\[1.5em] \left\langle \dfrac{x_3 E}{1-\nu^2} \right\rangle & 0 & \left\langle \dfrac{x_3 \nu E}{1-\nu^2} \right\rangle & \left\langle \dfrac{x_3^2 E}{1-\nu^2} \right\rangle & 0 & \left\langle \dfrac{x_3^2 \nu E}{1-\nu^2} \right\rangle \\[1.5em] 0 & \left\langle \dfrac{x_3 \nu E}{2(1+\nu)} \right\rangle & 0 & 0 & \left\langle \dfrac{x_3^2 E}{2(1+\nu)} \right\rangle & 0 \\[1.5em] \left\langle \dfrac{x_3 \nu E}{1-\nu^2} \right\rangle & 0 & \left\langle \dfrac{x_3 E}{1-\nu^2} \right\rangle & \left\langle \dfrac{x_3^2 \nu E}{1-\nu^2} \right\rangle & 0 & \left\langle \dfrac{x_3^2 E}{1-\nu^2} \right\rangle \end{bmatrix} \begin{Bmatrix} \varepsilon_{11} \\ 2\varepsilon_{12} \\ \varepsilon_{22} \\ \kappa_{11} \\ 2\kappa_{12} \\ \kappa_{22} \end{Bmatrix}$$

$$= \begin{Bmatrix} \varepsilon_{11} \\ 2\varepsilon_{12} \\ \varepsilon_{22} \\ \kappa_{11} \\ 2\kappa_{12} \\ \kappa_{22} \end{Bmatrix} \begin{bmatrix} A & B \\ B & D \end{bmatrix} \begin{Bmatrix} \varepsilon_{11} \\ 2\varepsilon_{12} \\ \varepsilon_{22} \\ \kappa_{11} \\ 2\kappa_{12} \\ \kappa_{22} \end{Bmatrix} \tag{2.70}$$

此处, A、B、D 与式(2.54)中的含义一致。

对式(2.70)中的 $U_{2\mathrm{D}}$ 求偏导, 并考虑式(2.53), 得到

$$\frac{\partial U_{2\mathrm{D}}}{\partial \varepsilon_{11}} = \frac{Eh}{1-\nu^2}(\varepsilon_{11} + \nu\varepsilon_{22}) = N_{11}$$

$$\frac{\partial U_{2\mathrm{D}}}{\partial 2\varepsilon_{12}} = \frac{Eh}{2(1+\nu)} 2\varepsilon_{12} = N_{12}$$

$$\frac{\partial U_{2\mathrm{D}}}{\partial \varepsilon_{22}} = \frac{Eh}{1-\nu^2}(\nu\varepsilon_{11} + \varepsilon_{22}) = N_{22}$$

$$\frac{\partial U_{2\mathrm{D}}}{\partial \kappa_{11}} = \frac{Eh^3}{12(1-\nu^2)}(\kappa_{11} + \nu\kappa_{22}) = M_{11}$$

$$\frac{\partial U_{2\mathrm{D}}}{\partial 2\kappa_{12}} = \frac{Eh^3}{24(1+\nu)} 2\kappa_{12} = M_{12} \tag{2.71}$$

$$\frac{\partial U_{2\mathrm{D}}}{\partial \kappa_{22}} = \frac{Eh^3}{12(1-\nu^2)}(\nu\kappa_{11} + \kappa_{22}) = M_{22}$$

假定板是各向同性和均匀的, 以板中面为参考面。此处给出了另一种方式来定义板内力(在二维应变能量密度中与板应变共轭), 即二维应变能量密度相对于

相应板应变的偏导数，这些方程也可以写成矩阵形式。也就是说，变分方法提供了另一种方法来导出前面所述的能量方程。

将式(2.67)代入式(2.64)，用二维形式重写虚功原理，即

$$\int_S \delta U_{2D} dS = \int_S \left(p_i \delta \overline{u}_i + q_1 \delta \overline{u}_{3,2} - q_2 \delta \overline{u}_{3,1} \right) dS + \int_\Omega \left(P_i \delta \overline{u}_i + Q_1 \delta \overline{u}_{3,2} - Q_2 \delta \overline{u}_{3,1} \right) d\Omega \quad (2.72)$$

这意味着

$$0 = \int_S \left(\delta U_{2D} - p_i \delta \overline{u}_i - q_1 \delta \overline{u}_{3,2} + q_2 \delta \overline{u}_{3,1} \right) dS - \int_\Omega \left(P_i \delta \overline{u}_i + Q_1 \delta \overline{u}_{3,2} - Q_2 \delta \overline{u}_{3,1} \right) d\Omega \quad (2.73)$$

基于式(2.71)，二维应变能密度 U_{2D} 重写为

$$\begin{aligned}
\delta U_{2D} &= N_{11} \delta \varepsilon_{11} + N_{12} \delta (2\varepsilon_{12}) + N_{22} \delta \varepsilon_{22} + M_{11} \delta \kappa_{11} + M_{12} \delta (2\kappa_{12}) + M_{22} \delta \kappa_{22} \\
&= N_{11} \delta \overline{u}_{1,1} + N_{12} \delta (\overline{u}_{1,2} + \overline{u}_{2,1}) + N_{22} \delta \overline{u}_{2,2} - M_{11} \delta \overline{u}_{3,1} - 2M_{12} \delta \overline{u}_{3,12} - M_{22} \delta \overline{u}_{3,22}
\end{aligned} \quad (2.74)$$

对式(2.73)积分得到控制板的相应平衡方程。为了表述方便，首先说明式(2.73)中关于 $\overline{u}_\alpha$ 的定义为

$$\begin{aligned}
0 = &\int_S \left[-\left(N_{11,1} + N_{12,2} + p_1 \right) \delta \overline{u}_1 - \left(N_{12,1} + N_{22,2} + p_2 \right) \delta \overline{u}_2 \right] dS \\
&+ \int_\Omega \left[\left(n_1 N_{11} + n_1 N_{12} - P_1 \right) \delta \overline{u}_1 + \left(n_1 N_{12} + n_2 N_{22} - P_2 \right) \delta \overline{u}_2 \right] d\Omega
\end{aligned} \quad (2.75)$$

式中，n_1 和 n_2 为边界曲线外法线 n 的分量(图2.12)。

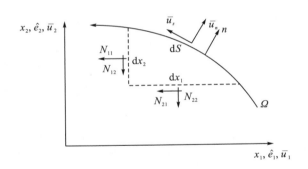

图 2.12　边界曲线的局部坐标系

用边界曲线的法线和切线坐标表示边界条件是常见的做法，即

$$\overline{u}_1 = n_1 \overline{u}_n - n_2 \overline{u}_s, \quad \overline{u}_2 = n_2 \overline{u}_n - n_1 \overline{u}_s \quad (2.76)$$

式中，$\overline{u}_n$ 表示沿边界曲线法线方向的位移分量；$\overline{u}_s$ 表示沿切线方向的位移分量。

则式(2.75)的右边第二项变为

$$\begin{aligned}
&\int_\Omega \left[\left(n_1 N_{11} + n_1 N_{12} - P_1 \right) \left(n_1 \delta \overline{u}_n - n_2 \delta \overline{u}_s \right) + \left(n_1 N_{12} + n_2 N_{22} - P_2 \right) \left(n_2 \delta \overline{u}_n + n_1 \delta \overline{u}_s \right) \right] d\Omega \\
&= \int_\Omega \left(n_1 N_{nn} - P_n \right) \delta \overline{u}_n + \left(N_{ns} - P_s \right) \delta \overline{u}_s d\Omega
\end{aligned} \quad (2.77)$$

式中

$$N_{nn} = n_1^2 N_{11} + n_2^2 N_{22} + 2n_1 n_2 N_{12}$$
$$N_{ns} = n_1 n_2 \left(N_{22} - N_{11} \right) + \left(n_1^2 - n_2^2 \right) N_{12}$$
$$P_n = P_1 n_1 + P_2 n_2 \tag{2.78}$$
$$P_s = -P_1 n_2 + P_2 n_1$$

由于 $\bar{u}_1$ 和 $\bar{u}_2$ 可以独立变化，相应的欧拉-拉格朗日方程为

$$N_{11,1} + N_{11,2} + p_1 = 0, \quad N_{12,1} + N_{22,2} + p_2 = 0 \tag{2.79}$$

这与使用牛顿法得到的平衡方程(2.56)和(2.57)相同。边界条件用式(2.77)推导得到。根据变分法，如果位移变量($\bar{u}_n$ 或 $\bar{u}_s$)为定值，那么它的变化必须为零，且与该位移变量($\delta \bar{u}_n$ 或 $\delta \bar{u}_s$)有关的边界项将消失。如果位移变量可以自由变化，为了消除与这个位移变量相关的对应边界项，变量前面的系数必须为零，有

$$N_{nn} = P_n, \quad N_{ns} = P_s \tag{2.80}$$

下面讨论式(2.73)中的 $\delta \bar{u}_3$，有

$$
\begin{aligned}
0 = &-\int_S \left[\left(M_{11,1} + M_{12,2} + q_2 \right)_{,1} + \left(M_{12,1} + M_{22,2} - q_1 \right)_{,2} + p_3 \right] \delta \bar{u}_3 \mathrm{d}S \\
&-\int_\Omega \left[\left(n_1 M_{11} + n_2 M_{12} - Q_2 \right) \delta \bar{u}_{3,1} + \left(n_1 M_{12} + n_2 M_{22} + Q_1 \right) \delta \bar{u}_{3,2} \right] \mathrm{d}\Omega \\
&+\int_\Omega \left[n_1 \left(M_{11,1} + M_{12,2} + q_2 \right) \delta \bar{u}_{3,1} + n_2 \left(M_{12,1} + M_{22,2} - q_1 \right) - P_3 \right] \delta \bar{u}_3 \mathrm{d}\Omega
\end{aligned} \tag{2.81}
$$

式(2.81)第二行的边界项可以用沿法向和切线方向的 $\bar{u}_3$ 导数表示，即

$$
\begin{aligned}
&\int_\Omega \left[\left(n_1 M_{11} + n_2 M_{12} - Q_2 \right) \left(n_1 \delta \bar{u}_{3,n} - n_2 \delta \bar{u}_{3,s} \right) \left(n_1 M_{12} + n_2 M_{22} + Q_1 \right) \left(n_2 \delta \bar{u}_{3,n} + n_1 \delta \bar{u}_{3,s} \right) \right] \mathrm{d}\Omega \\
&= \int_\Omega \left(M_{nn} - Q_n \right) \delta \bar{u}_{3,n} + \left(M_{ns} - Q_s \right) \delta \bar{u}_{3,s} \mathrm{d}\Omega
\end{aligned}
$$
$$\tag{2.82}$$

式中

$$M_{nn} = n_1^2 M_{11} + n_2^2 M_{22} + 2n_1 n_2 M_{12}$$
$$M_{ns} = n_1 n_2 \left(M_{22} - M_{11} \right) + \left(n_1^2 - n_2^2 \right) M_{12}$$
$$Q_n = Q_2 n_1 - Q_1 n_2 \tag{2.83}$$
$$Q_s = -Q_2 n_2 - Q_1 n_1$$

为简化式(2.81)，引入以下符号：

$$V_3 = n_1 \left(M_{11,1} + M_{12,2} + q_2 \right) + n_2 \left(M_{12,1} + M_{22,2} - q_1 \right) \tag{2.84}$$

式(2.81)可以简化为

$$
\begin{aligned}
0 = &-\int_S \left[\left(M_{11,1} + M_{12,2} + q_2 \right)_{,1} + \left(M_{12,1} + M_{22,2} - q_1 \right)_{,2} + p_3 \right] \delta \bar{u}_3 \mathrm{d}S \\
&+\int_\Omega \left(V_3 - P_3 \right) \delta \bar{u}_3 - \left(M_{nn} - Q_n \right) \delta \bar{u}_{3,n} - \left(M_{ns} - Q_s \right) \delta \bar{u}_{3,s} \mathrm{d}\Omega
\end{aligned} \tag{2.85}
$$

注意到 $\delta \bar{u}_3$ 和 $\delta \bar{u}_{3,s}$ 并不是沿着边界曲线 Ω 的独立量。还需要一个积分式，即

$$0 = -\int_S \left[\left(M_{11,1} + M_{12,2} - q_1 \right)_{,1} + \left(M_{12,1} + M_{22,2} - q_2 \right)_{,2} + p_3 \right] \delta \overline{u}_3 \mathrm{d}S \tag{2.86}$$
$$+ \int_\Omega \left[V_3 - P_3 + \left(M_{ns} - Q_s \right)_{,s} \right] \delta \overline{u}_3 - \left(M_{nn} - Q_n \right) \delta \overline{u}_{3,s} \mathrm{d}\Omega - \left[\left(M_{ns} - Q_s \right) \delta \overline{u}_3 \right]_\Omega$$

其中，符号 $\left[\cdot\right]_\Omega$ 表示边界曲线的终点。如果是矩形板，则边界曲线的端点将由其四个角定义。如果是圆形板，则边界曲线没有端点，式(2.86)中的最后一项消失。

虽然牛顿法和变分法都是基于相同的一组特定假设得到式(2.41)中的位移场、式(2.45)中的应变场和式(2.50)中的应力场，但两种方法还是有一定区别：①变分法不需要引入横向剪切内力；②变分法建立加载下原三维结构与二维板模型之间的合理联系；③变分法虽然缺乏直观性，但更为系统化，可避免牛顿法推导边界条件时的符号错误；④变分方法基于 Kantrovich 模型，用二维未知函数对三维位移场的假设来扩展高阶模型的推导相对容易，而使用牛顿法进行扩展要困难得多；⑤总竖向力和角点力的概念源于变分法，引入这两个概念以求解与板自由边施加边界条件有关的问题。

但这两种方法都是基于一系列特定假设，因此它们具有一系列矛盾之处。下面将使用变分渐近法构建经典板模型，不需要引入任何假设，从而避免自相矛盾。

2.4.6 基于变分渐近法的等效板模型

板模型的主要目的是用二维模型描述原三维模型，二维模型由参考面的两个坐标为未知数的函数描述。本节利用以板厚度比板的平面尺寸小得多的特征，用变分渐近法推导出经典板模型。h 为板的厚度，L 为板参考面的特征尺寸，$\delta = h/L$ 为小参数。假设三维位移 $u_i \left(x_1, x_2, x_3 \right)$，则线弹性定义的三维应变为

$$\Gamma_{ij} = \frac{1}{2} \left(u_{i,j} + u_{j,i} \right) \tag{2.87}$$

为了使用变分渐近法，需对变量阶数进行评估。对于连续可微函数 $f(x)$，$x \in [a,b]$，如果将 $f(x)$ 的阶数表示为 $\overline{f}$，则 $\dfrac{\mathrm{d}f}{\mathrm{d}x}$ 为 $\dfrac{\overline{f}}{b-a}$ 的阶数，记为 $\dfrac{\mathrm{d}f}{\mathrm{d}x} \sim \dfrac{\overline{f}}{b-a}$。显然，$u_{i,\alpha} \sim \overline{u}_i / L$，$u_{i,3} \sim \overline{u}_i / h$，$u_{i,\alpha} \sim \overline{u}_i / L$。因为 $\delta = h/L \ll 1$，所以 $u_{i,\alpha} \ll u_{i,3}$。

三维应变场可以表示为

$$\begin{aligned}
\Gamma_{11} &= u_{1,1} \\
2\Gamma_{12} &= u_{1,2} + u_{2,1} \\
2\Gamma_{13} &= u_{1,3} + u_{3,1} \\
\Gamma_{22} &= u_{2,2} \\
2\Gamma_{23} &= u_{2,3} + u_{3,2} \\
\Gamma_{33} &= u_{3,3}
\end{aligned} \tag{2.88}$$

原三维结构的总势能为

$$\Pi = \frac{1}{2}\int_S U_{2D}\mathrm{d}S - W \tag{2.89}$$

式中，二维应变能密度为

$$2U_{2D} = \left\langle 2G\left(\rho\Gamma_{\alpha\alpha}^2 + \Gamma_{\alpha\beta}^2\right) + 4G\Gamma_{\alpha 3}^2 + \frac{E(1-\nu)}{(1+\nu)(1-2\nu)}\left(\Gamma_{33} + \rho\Gamma_{\alpha\alpha}\right)^2 \right\rangle \tag{2.90}$$

其中，$\rho = \nu/(1-\nu)$。

式(2.90)经过代数运算后，可得到与式(2.70)相同的形式。

由式(2.67)可知，作用在原三维结构上外载所做的虚功为

$$W = \int_S\left[\langle f_i u_i\rangle + \beta_i u_i\left(x_1, x_2, -\frac{h}{2}\right) + \tau_i u_i\left(x_1, x_2, \frac{h}{2}\right)\right]\mathrm{d}S + \int_\Omega\langle t_i u_i\rangle\mathrm{d}\Omega \tag{2.91}$$

设线弹性框架内三维应变场很小，即 $\hat{\varepsilon} = O(L\hat{\varepsilon}) \ll 1$（$\hat{\varepsilon}$ 表示三维应变场的特征值）。由式(2.87)可得

$$u_i = O(L\hat{\varepsilon}) \tag{2.92}$$

二维应变能密度的阶数约为 $\bar{\mu}h\hat{\varepsilon}^2$（$\bar{\mu}$ 表示弹性常数的阶数）。因为 $h/L \to 0$，边界变形条件对外力的阶数有一定的约束。显然，虚功必须与应变能的阶数相同，即 $f_i u_i h \sim t_i u_i \sim \bar{\mu}h\hat{\varepsilon}^2$。由式(2.92)可得

$$f_i h \sim t_i \sim \bar{\mu}\frac{h}{L}\hat{\varepsilon} \tag{2.93}$$

将式(2.88)的应变场代入式(2.90)的原结构总势能，并去掉较小项，得到保留到 $\bar{\mu}L^2\hat{\varepsilon}^2$ 阶的应变能为

$$2\Pi = \left\langle Gu_{1,3}^2 + Gu_{2,3}^2 + \frac{E(1-\nu)}{(1+\nu)(1-2\nu)}u_{3,3}^2 \right\rangle \tag{2.94}$$

若满足下列条件，式(2.94)中的二次项将达到最小值：

$$u_{1,3} = u_{2,3} = u_{3,3} = 0 \tag{2.95}$$

则有以下解：

$$\begin{aligned}
u_1(x_1, x_2, x_3) &= \bar{u}_1(x_1, x_2) \\
u_2(x_1, x_2, x_3) &= \bar{u}_2(x_1, x_2) \\
u_3(x_1, x_2, x_3) &= \bar{u}_3(x_1, x_2)
\end{aligned} \tag{2.96}$$

其中，u_i 是关于平面坐标 x_1、x_2 的任意未知二维函数。

虽然用 x_1、x_2 的二维函数表示三维位移场，但还是不确定是否包含所有与经典板模型对应的项。需要代入波动位移场进行变分渐近分析，即

$$u_1(x_1,x_2,x_3)=\overline{u}_1(x_1,x_2)+v_1(x_1,x_2,x_3)$$
$$u_2(x_1,x_2,x_3)=\overline{u}_2(x_1,x_2)+v_2(x_1,x_2,x_3) \qquad (2.97)$$
$$u_3(x_1,x_2,x_3)=\overline{u}_3(x_1,x_2)+v_3(x_1,x_2,x_3)$$

其中，v_i 渐近地小于 $\overline{u}_i$。

为了确定式 (2.97)，需要对三维函数 v_i 引入三个约束，这与用二维函数 $u_i(x_1,x_2)$ 表征三维位移场 $u_i(x_1,x_2,x_3)$ 直接相关。若选择约束

$$\langle v_i \rangle = 0 \qquad (2.98)$$

则关于 $u_i(x_1,x_2)$ 的定义为

$$h\overline{u}_i(x_1,x_2)=\langle u_i(x_1,x_2,x_3)\rangle \qquad (2.99)$$

也就是说，将二维板位移 $\overline{u}_i$ 定义为相应的三维位移 u_i 在整个厚度上的平均值。将式 (2.97) 中的位移场代入式 (2.88)，可以得到三维应变场：

$$\Gamma_{11}=\varepsilon_{11}+v_{1,1}$$
$$2\Gamma_{12}=2\varepsilon_{12}+v_{1,2}+v_{2,1}$$
$$2\Gamma_{13}=\overline{u}_{3,1}+v_{1,3}+v_{3,1}$$
$$\Gamma_{22}=\varepsilon_{22}+v_{2,2} \qquad (2.100)$$
$$2\Gamma_{23}=\overline{u}_{3,2}+v_{2,3}+v_{3,2}$$
$$\Gamma_{33}=v_{3,3}$$

其中，$\varepsilon_{\alpha\beta}=\dfrac{1}{2}\left(\overline{u}_{\alpha,\beta}+\overline{u}_{\beta,\alpha}\right)$，与前面平面板应变的定义类似。

将式 (2.97) 中的位移场和式 (2.100) 中的三维应变场代入 (2.89)，并去掉较小项，得到

$$2\Pi=\left\langle G\left(\overline{u}_{3,1}+v_{1,3}\right)^2+G\left(\overline{u}_{3,2}+v_{2,3}\right)^2+\frac{E(1-\nu)}{(1+\nu)(1-2\nu)}\left(v_{3,3}+\rho\Gamma_{\alpha\alpha}\right)^2\right\rangle$$
$$-\int_S p_i\overline{u}_i\mathrm{d}S+\int_\Omega P_i\overline{u}_i\mathrm{d}\Omega \qquad (2.101)$$

其中，载荷相关项 p_i 和 P_i 的定义与式 (2.68) 相同。

若满足以下条件，式 (2.101) 中 v_i 的相关项将达到绝对最小值

$$\overline{u}_{3,1}+v_{1,3}=0$$
$$\overline{u}_{3,2}+v_{2,3}=0 \qquad (2.102)$$
$$v_{3,3}+\rho\varepsilon_{\alpha\alpha}=0$$

存在如下解：

$$v_\alpha=-x_3\overline{u}_{3,\alpha}, \quad v_3=-x_\alpha\rho\varepsilon_{\alpha\alpha} \qquad (2.103)$$

关于 x_1、x_2 的未知函数可纳入 $\overline{u}_i(x_1,x_2)$。如果 x_3 的原点位于板中面，则式 (2.96) 成立。否则，应该引入关于 x_1、x_2 的函数（尽可能使 x_3 为常量）以满足式 (2.96)。

将式 (2.103) 中 v_i 的解代入式 (2.95)，则三维位移场表示为

$$u_1 = \bar{u}_1(x_1, x_2) - x_3 \bar{u}_{3,1}$$
$$u_2 = \bar{u}_2(x_1, x_2) - x_3 \bar{u}_{3,2} \tag{2.104}$$
$$u_3 = \bar{u}_3(x_1, x_2) - x_3 \rho \varepsilon_{\alpha\alpha}$$

至此，三维位移场 $\bar{u}_i$ 渐近展开。根据变分渐近法，不会出现新的自由度。但目前仍然不确定是否包含了经典板模型的所有项，为此，再次对位移场进行摄动，即

$$u_1 = \bar{u}_1(x_1, x_2) - x_3 \bar{u}_{3,1} + w_1(x_1, x_2, x_3)$$
$$u_2 = \bar{u}_2(x_1, x_2) - x_3 \bar{u}_{3,2} + w_2(x_1, x_2, x_3) \tag{2.105}$$
$$u_3 = \bar{u}_3(x_1, x_2) - x_3 \rho \varepsilon_{\alpha\alpha} + w_3(x_1, x_2, x_3)$$

将 v_i 的约束传递给 w_i，根据式 (2.98) 有

$$\langle w_i \rangle = 0 \tag{2.106}$$

式 (2.105) 中位移场对应的三维应变场为

$$\Gamma_{11} = \varepsilon_{11} + x_3 \kappa_{11} + w_{1,1}$$
$$2\Gamma_{12} = 2\varepsilon_{12} + 2x_3 \kappa_{12} + w_{1,2} + w_{2,1}$$
$$2\Gamma_{13} = -x_3 \rho \varepsilon_{\alpha\alpha,1} + w_{1,3} + w_{3,1}$$
$$\Gamma_{22} = \varepsilon_{22} + x_3 \kappa_{22} + w_{2,2} \tag{2.107}$$
$$2\Gamma_{23} = -x_3 \rho \varepsilon_{\alpha\alpha,2} + w_{2,3} + w_{3,2}$$
$$\Gamma_{33} = -\rho \varepsilon_{\alpha\alpha} + w_{3,3}$$

式中，$\kappa_{\alpha\beta} = -\bar{u}_{3,\alpha\beta}$。显然，从式 (2.107) 可得 $\varepsilon_{\alpha\beta} \sim h\kappa_{\alpha\beta} \sim \hat{\varepsilon}$。

将式 (2.105) 中的位移场和式 (2.107) 中的三维应变场代入式 (2.89) 中的原三维结构总势能，并去掉较小项，得到

$$2\Pi = \left\langle Gw_{1,3}^2 + Gw_{2,3}^2 + \frac{E(1-\nu)}{(1+\nu)(1-2\nu)} \left(w_{3,3} + x_3 \rho \kappa_{\alpha\alpha} \right)^2 \right\rangle$$
$$- \int_S \left(p_i \bar{u}_i + q_1 \bar{u}_{3,2} - q_2 \bar{u}_{3,1} \right) \mathrm{d}S + \int_\Omega \left(P_i \bar{u}_i + Q_1 \bar{u}_{3,2} - Q_2 \bar{u}_{3,1} \right) \mathrm{d}\Omega \tag{2.108}$$

式中，q_α、Q_α 的定义与式 (2.68) 一致。

式 (2.108) 的最小值将通过以下条件求得：

$$w_1 = w_2 = 0$$
$$w_{3,3} + x_3 \rho \kappa_{\alpha\alpha} = 0 \tag{2.109}$$

连同式 (2.106) 中的约束一起求解，得到

$$w_1 = w_2 = 0$$
$$w_3 = -\frac{1}{2} \rho \kappa_{\alpha\alpha} \left(x_3^2 - \frac{t^2}{12} \right) \tag{2.110}$$

现在已经获得了经典板模型的所有项，并且容易证实，就结构总势能而言，任何进一步的摄动都不会给该板模型增加任何主导项。

将式(2.109)代入式(2.105)，根据变分渐近法得到经典板模型的完整三维位移场：

$$u_1 = \overline{u}_1(x_1, x_2) - x_3 \overline{u}_{3,1}$$
$$u_2 = \overline{u}_2(x_1, x_2) - x_3 \overline{u}_{3,2}$$
$$u_3 = \overline{u}_3(x_1, x_2) - \rho\left(x_3 \varepsilon_{\alpha\alpha} + \frac{1}{2}\left(x_3^2 - \frac{t^2}{12}\right)\kappa_{\alpha\alpha}\right) \tag{2.111}$$

与基于 Kirchhoff 假设的式(2.38)中的位移场相比，变分渐近法得到式(2.111)下画线所示的附加项。换句话说，对于由单一各向同性材料制成的板，Kirchhoff 假设①(横法线可以沿法线方向变形)是不成立的，对于经典板模型的各向同性板，其他两个 Kirchhoff 假设仍然有效。

将式(2.110)中的解代入式(2.107)并且去掉阶数小于 $\hat{\varepsilon}$ 的项，根据变分渐近法，求得经典板模型的完整三维应变场为

$$\Gamma_{\alpha\beta} = \varepsilon_{\alpha\beta} + x_3 \kappa_{\alpha\beta}$$
$$2\Gamma_{13} = 2\Gamma_{23} = 0$$
$$\Gamma_{33} = -\rho(\varepsilon_{\alpha\alpha} + x_3 \kappa_{\alpha\alpha}) \tag{2.112}$$

此处的 Γ_{33} 不同于基于 Kirchhoff 假设得到的应变场。

使用胡克定律得到完整应力场为

$$\sigma_{11} = \frac{E}{1-\nu^2}(\Gamma_{11} + \nu\Gamma_{22})$$
$$\sigma_{22} = \frac{E}{1-\nu^2}(\Gamma_{22} + \nu\Gamma_{11})$$
$$\sigma_{12} = 2G\Gamma_{12} \tag{2.113}$$
$$\sigma_{33} = 0$$
$$\sigma_{13} = \sigma_{23} = 0$$

求得的式(2.113)没有使用任何假设，但与使用特定假设得到的式(2.46)的结果一致。将 w_i 的解代入式(2.108)，得到经典板模型的势能，将其代入式(2.72)，得到与式(2.54)相同的二维本构关系，与式(2.56)、式(2.57)和式(2.61)相同的二维控制方程，以及与变分法相同的边界条件。换句话说，无论使用特定假设、牛顿法，还是变分法或变分渐近法推导出的方程，均是经典板模型，其各向同性均匀弹性板行为是相同的。变分渐近法的不同之处在于三维位移场和三维应变场不同，变分渐近法导出的理论是自洽的。

2.4.7 本节小结

经典板理论需用三次摄动推导出经典板模型，而采用变分渐近法只需要一次摄动就可以得到相同的模型。为了构建二维经典板模型，三维位移场需用 $\bar{u}_i(x_1, x_2)$ 表示为

$$
\begin{aligned}
u_1 &= \underline{\bar{u}_1(x_1, x_2) - x_3 \bar{u}_{3,1}} + w_1(x_1, x_2, x_3) \\
u_2 &= \underline{\bar{u}_2(x_1, x_2) - x_3 \bar{u}_{3,2}} + w_2(x_1, x_2, x_3) \\
u_3 &= \underline{\bar{u}_3(x_1, x_2)} + w_3(x_1, x_2, x_3)
\end{aligned}
\tag{2.114}
$$

下画线部分可以理解为：假设横法线不变形，则板参考面变形引起的位移可用 $\bar{u}_i$ 表示。若横法线可变形，平面内和平面外变形可用广义翘曲函数 w_i 捕捉，这些变形渐近小于下画线项。此处 w_i 与式 (2.105) 中的不同，用式 (2.106) 中的约束条件将 $\bar{u}_i$ 定义为

$$
\begin{aligned}
\bar{u}_1(x_1, x_2) &= \frac{1}{h} \left(\langle u_1(x_1, x_2, x_3) \rangle + \langle x_3 \rangle \bar{u}_{3,1} \right) \\
\bar{u}_2(x_1, x_2) &= \frac{1}{h} \left(\langle u_2(x_1, x_2, x_3) \rangle + \langle x_3 \rangle \bar{u}_{3,2} \right) \\
\bar{u}_3(x_1, x_2) &= \frac{1}{h} \langle u_3 \rangle
\end{aligned}
\tag{2.115}
$$

式 (2.114) 中三维位移场对应的三维应变场为

$$
\begin{aligned}
\Gamma_{11} &= \varepsilon_{11} + x_3 \kappa_{11} + w_{1,1} \\
2\Gamma_{12} &= 2\varepsilon_{12} + 2x_3 \kappa_{12} + w_{1,2} + w_{2,1} \\
2\Gamma_{13} &= w_{1,3} + w_{3,1} \\
\Gamma_{22} &= \varepsilon_{22} + x_3 \kappa_{22} + w_{2,2} \\
2\Gamma_{23} &= w_{2,3} + w_{3,2} \\
\Gamma_{33} &= w_{3,3}
\end{aligned}
\tag{2.116}
$$

将式 (2.114) 中的位移场和式 (2.116) 中的应变场代入式 (2.89) 中的原三维结构总势能，去掉较小项，得到

$$
\begin{aligned}
2\Pi = &\left\langle Gw_{1,3}^2 + Gw_{2,3}^2 + \frac{E(1-\nu)}{(1+\nu)(1-2\nu)} \left(w_{3,3} + \rho(\varepsilon_{\alpha\alpha} + \kappa_{\alpha\alpha}) \right)^2 \right\rangle \\
&- \int_S \left(p_i \bar{u}_i + q_1 \bar{u}_{3,2} - q_2 \bar{u}_{3,1} \right) \mathrm{d}S + \int_\Omega \left(P_i \bar{u}_i + Q_1 \bar{u}_{3,2} - Q_2 \bar{u}_{3,1} \right) \mathrm{d}\Omega
\end{aligned}
\tag{2.117}
$$

最小化上述能量函数，得到翘曲函数的解为

$$
w_1 = w_2 = 0, \quad w_3 = -\rho \left[x_3 \varepsilon_{\alpha\alpha} + \frac{1}{2} \left(x_3^2 - \frac{t^2}{12} \right) \kappa_{\alpha\alpha} \right]
\tag{2.118}
$$

将 w_i 的解代入式(2.114)，得到与式(2.111)相同的位移；将 w_i 的解代入式(2.116)，得到与式(2.112)相同的应变场；使用广义胡克定律，得到与式(2.113)相同的应力场。也就是说，得到与原三维弹性相同解的经典板模型，但比三次摄动更有效。

2.5　等效梁模型

如果结构某个方向尺寸比另两个方向尺寸大得多(如细长的机翼、转子叶片、水平臂、桥梁主梁等)，可以使用梁模型简化此类结构的分析。梁轴线沿着较长的尺寸定义，并且假定垂直于该轴线的横截面沿梁跨度平稳变化。尽管可以使用有限元法对复杂结构进行常规分析，但在初步设计阶段通常使用简单的梁模型，以更少的计算量对结构行为提供有价值的分析。

不同的梁模型具有不同的精度。最简单的模型是经典梁模型，可以处理拉伸、扭转和两个方向的横向弯曲。推导该梁模型至少有三种方法：基于自由体图的牛顿法、基于 Kantorovich 模型的变分法和变分渐近法。牛顿法和变分法都基于各种特定假设，包括运动学假设(如与拉伸和弯曲相关的 Euler-Bernoulli 假设、与扭转相关的 Saint-Venant 假设)和动力学假设(与结构内三维应力场有关)。为此，将牛顿法和变分法称为特定假设法。虽然经典梁模型通常也被称为 Euler-Bernoulli 梁模型，但由于原 Euler-Bernoulli 梁模型只能处理两个方向上的拉伸和弯曲，因此具有一定的误导性。牛顿法直观易懂，但对于新模型的开发和实际结构分析十分烦琐且容易出错。相反，变分法是一种系统的方法，易于处理实际结构。因此，变分法广泛应用于推导新的模型。变分渐近法是近年来在梁理论基础上发展起来的一种新方法，具有变分法的优点，不需要特定假设。本节介绍这三种方法构建各向同性均匀梁(由单一各向同性材料制成的梁结构)的经典模型，以了解不同方法的优缺点。

特定假设法的出发点是引入一组运动学假设，用一维梁位移和一维梁应变分别表示三维位移场和三维应变场。应力场假设用于将三维应力场与三维应变场联系起来。这些假设对于横截面简单的各向同性均质梁是合理的，但对于由一般各向异性、非均质材料制成的复杂几何形状梁(如复合材料转子叶片)是不成立的。而使用变分渐近法构建梁模型不需要这些假设。

2.5.1　梁的运动学

牛顿法和变分法推导经典梁模型是从两个特定运动学假设开始，即与拉伸和弯曲相关的 Euler-Bernoulli 假设和与扭转相关的 Saint-Venant 假设。

1. 基于 Euler-Bernoulli 假设的位移场

Euler-Bernoulli 假设是：①横截面在其自身平面上是无限刚性的，横截面上的任意质点的位移仅由两个刚体平移量组成；②梁变形后截面保持平面；③截面与梁的变形轴保持垂直。

实验表明，这些假设对于分析由各向同性材料制成的细长结构的拉伸或弯曲变形是合理的。当其中一个或多个条件不满足时，基于这些假设推导出的经典梁模型可能不准确。为此需讨论 Euler-Bernoulli 假设的数学含义。

考虑一组单位向量 $\hat{e}_i$ 与坐标 x_i，其中 $\hat{e}_i$ 沿梁轴方向，$\hat{e}_2$ 和 $\hat{e}_3$ 在梁横截面内。设 $u_1(x_1,x_2,x_3)$、$u_2(x_1,x_2,x_3)$ 和 $u_3(x_1,x_2,x_3)$ 分别是梁内任意点沿 $\hat{e}_i$、$\hat{e}_2$ 和 $\hat{e}_3$ 方向的位移（图 2.13）。

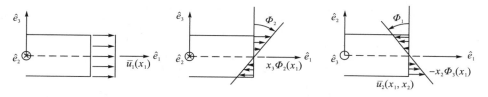

图 2.13 轴向位移场分解

Euler-Bernoulli 假设①指出，横截面在其自身平面内是无限刚性的，这意味着横截面上任意质点的位移仅由两个刚体平移量 $\bar{u}_2(x_1)$ 和 $\bar{u}_3(x_1)$ 组成，即

$$u_2(x_1,x_2,x_3)=\bar{u}_2(x_1), \quad u_3(x_1,x_2,x_3)=\bar{u}_3(x_1) \tag{2.119}$$

Euler-Bernoulli 假设②是梁变形后截面保持平面。这意味着轴向位移场由一个刚体平移量 $\bar{u}_1(x_1)$ 和两个刚体旋转量 $\Phi_2(x_1)$ 和 $\Phi_3(x_1)$ 组成，即

$$u_1(x_1,x_2,x_3)=\bar{u}_1(x_1)+x_3\Phi_2(x_1)-x_2\Phi_3(x_1) \tag{2.120}$$

尽管旋转中心不一定在 x_α 原点处，但围绕任何其他点的旋转仍可以使用式 (2.120) 表示，因为旋转中心移动引起的任何轴向位移都可并入未知函数 $\bar{u}_1(x_1)$。图 2.14 是梁的位移和转动符号约定。截面 $\bar{u}_i(x_1)$ 和 $u_i(x_1)$ 在 $\hat{e}_i$ 轴方向上的刚体平移为正，截面 $\Phi_i(x_1)$ 绕 $\hat{e}_i$ 和 $\hat{e}_3$ 轴的刚体旋转为正。Euler-Bernoulli 假设只涉及 Φ_2 和 Φ_3，

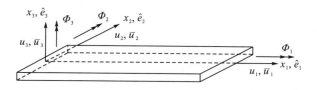

图 2.14 梁的位移和转动符号约定

根据 Saint-Venant 假设，Φ_1 稍后引入位移表达式。式(2.120)的最后一项出现负号的原因是，Φ_3 将在 x_2 正轴上产生负的轴向位移。

Euler-Bernoulli 假设③是截面与梁的变形轴保持垂直。这意味着梁的倾角和截面的旋转角相等，如图 2.15 所示，即

$$\Phi_3 = \bar{u}_{2,1}, \quad \Phi_2 = -\bar{u}_{3,1} \tag{2.121}$$

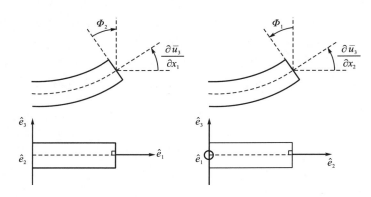

图 2.15　梁的斜率和截面的旋转

第二个方程中的负号是关于截面位移和旋转符号约定的结果。将式(2.121)代入式(2.120)中，可以从轴向位移场中消除截面旋转。由 Euler-Bernoulli 假设得到的梁结构的完整三维位移场为

$$u_1(x_1, x_2, x_3) = \bar{u}_1(x_1) - x_3 \bar{u}_{3,1}(x_1) - x_2 \bar{u}_{2,1}(x_1)$$
$$u_2(x_1, x_2, x_3) = \bar{u}_2(x_1)$$
$$u_3(x_1, x_2, x_3) = \bar{u}_3(x_1) \tag{2.122}$$

事实上，三维位移 $u_i(x_1, x_2, x_3)$ 通常是未知函数，这里根据 Euler-Bernoulli 假设为 $u_i(x_1, x_2, x_3)$ 假定了一种特定的函数形式，因此 u_1 是 x_2、x_3 和未知一维函数 $\bar{u}_1$、$\bar{u}_\alpha$ 的线性组合，而 u_α 必须是 x_1 的函数。Euler-Bernoulli 假设可以等效地认为是对结构的约束，即结构必须按照这些假设来运行。由于这些约束，整个系统比原来的结构更加稳定。换言之，在相同载荷下的结构，基于 Euler-Bernoulli 假设的经典梁模型得到的位移 u_i 将小于没有此类假设的理论(如三维弹性)得到的位移 u_i。三个 Euler-Bernoulli 假设中的一个或全部可以移除或被其他假设替换。例如，可以删除 Euler-Bernoulli 假设③，这意味着梁在变形过程中横截面保持为平面，但不一定与梁轴保持垂直，这实际上是 Timoshenko 梁模型推导的起点。由于 Timoshenko 梁模型少了该假设，因此 Timoshenko 梁模型得到的位移比基于 Euler-Bernoulli 假设的经典梁模型得到的位移大。

2. 基于 Saint-Venant 假设的位移场

基于 Euler-Bernoulli 假设的位移场已被证明适用于以拉伸和弯曲为特征的各向同性均质梁，但它不能很好地反映梁的扭转行为。梁受扭后横截面将扭曲，一般不能保持平面。为此，Saint-Venant 放宽了 Euler-Bernoulli 假设②，并引入了以下假设：①横截面在其自身平面上的形状和大小保持不变，这意味着每个横截面都像刚体一样旋转；②截面变形后不再保持平面，而是根据扭曲率按比例扭曲；③扭曲率沿梁是均匀的，这意味着扭曲角是梁轴的线性函数。

根据 Saint-Venant 假设①，扭转角 $\varPhi_1(x_1)$ 引起的面内位移可以描述为

$$u_2(x_1,x_2,x_3) = -x_3\varPhi_1(x_1), \quad u_3(x_1,x_2,x_3) = x_2\varPhi_1(x_1) \tag{2.123}$$

根据 Saint-Venant 假设②，轴向位移场与扭曲率成正比，即 $\kappa_1 = \varPhi_{1,1}$，并且在由未知翘曲函数 $\varPsi(x_2,x_3)$ 描述的横截面上具有任意变化，即

$$u_1(x_1,x_2,x_3) = \varPsi(x_2,x_3)\kappa_1 \tag{2.124}$$

根据 Saint-Venant 假设③，扭曲率是恒定的。$\varPsi(x_2,x_3)$ 通常称为圣维南翘曲函数，并根据弹性理论在横截面上单独求解。截面边界曲线上所有点的翘曲函数受下列方程控制：

$$\frac{\partial^2\varPsi}{\partial x_2^2} + \frac{\partial^2\varPsi}{\partial x_3^2} = 0 \tag{2.125}$$

对于各向同性、均匀的圆形截面，翘曲函数消失。

梁通常会同时受到拉伸、弯曲和扭转，需要建立一个能同时处理所有这些变形的模型。这可以通过组合式 (2.122)、式 (2.123) 和式 (2.124) 中的位移表达式来实现，即

$$
\begin{aligned}
u_1(x_1,x_2,x_3) &= \bar{u}_1(x_1) - x_3\bar{u}_{3,1}(x_1) - x_2\bar{u}_{2,1}(x_1) + \varPsi(x_2,x_3)\kappa_1 \\
u_2(x_1,x_2,x_3) &= \bar{u}_2(x_1) - x_3\varPhi_1(x_1) \\
u_3(x_1,x_2,x_3) &= \bar{u}_3(x_1) + x_2\varPhi_1(x_1)
\end{aligned}
\tag{2.126}
$$

很明显，梁的完整三维位移场可以用三个截面位移 $\bar{u}_1(x_1)$、$\bar{u}_2(x_1)$、$\bar{u}_3(x_1)$ 和一个截面旋转 $\varPhi_1(x_1)$ 表示。由 Euler-Bernoulli 假设和 Saint-Venant 假设产生的这一重要简化，使得经典梁模型可以根据 $\bar{u}_i$ 和 $\varPhi$ 建立一维公式，即仅为梁轴 x_1 的未知函数。换句话说，通过这两种假设，将三维位移 $u_i(x_1,x_2,x_3)$ 与一维梁位移 $\bar{u}_i(x_1)$ 和截面旋转 $\varPhi_1(x_1)$ 联系起来。

3. 应变场

为了处理几何线性问题，定义无穷小应变场为

$$\varGamma_{ij} = \frac{1}{2}(u_{i,j} + u_{j,i}) \tag{2.127}$$

将式(2.126)代入式(2.127)，得到如下的三维应变场：

$$\Gamma_{11}(x_1, x_2, x_3) = \bar{u}_{1,1}(x_1) - x_3\bar{u}_{3,11}(x_1) - x_2\bar{u}_{2,11}(x_1) \tag{2.128}$$

$$\Gamma_{22} = \Gamma_{33} = 2\Gamma_{23} = 0 \tag{2.129}$$

$$2\Gamma_{12} = \left(\frac{\partial \Psi}{\partial x_2} - x_3\right)\kappa_1, \quad 2\Gamma_{13} = \left(\frac{\partial \Psi}{\partial x_3} + x_2\right)\kappa_1 \tag{2.130}$$

式中，一维梁应变为

$$\varepsilon_1(x_1) = \bar{u}_{1,1}(x_1), \quad \kappa_1(x_1) = \Phi_{1,1}(x_1)$$
$$\kappa_2(x_1) = -\bar{u}_{3,11}(x_1), \quad \kappa_3(x_1) = \bar{u}_{2,11}(x_1) \tag{2.131}$$

其中，ε_1 为轴向应变；κ_1 为扭曲率；κ_2 和 κ_3 分别为绕 $\hat{e}_2$ 和 $\hat{e}_3$ 轴的曲率。式(2.130)可视为一维梁应变-位移关系。这里将扭曲率 κ_1 表示为 x_1 的函数，直接违反了Saint-Venant 均匀扭转假设③，但基于该假设推导出的经典梁模型通常用于分析沿梁轴方向扭曲率变化的梁。这种不一致经常发生在使用特定假设（如Euler-Bernoulli 假设和 Saint-Venant 假设）导出的模型中。

利用式(2.131)中的定义，可以将式(2.128)中的轴向应变分布 Γ_{11} 表示为

$$\Gamma_{11}(x_1, x_2, x_3) = \varepsilon_1(x_1) + x_3\kappa_2(x_1) - x_2\kappa_3(x_1) \tag{2.132}$$

如式(2.129)所示，平面内应变场的消失是假设横截面在其自身平面内具有无限刚性的直接结果。ε_1、κ_i 通常统称为经典梁应变量，且原三维应变场用经典梁应变量表示。至此，已经完成了三维运动学的表达式，包括使用梁位移变量 $\bar{u}_i(x_1)$、$\Phi_1(x_1)$ 表示位移场 $u_i(x_1, x_2, x_3)$ 和使用经典梁应变量 $\varepsilon_1(x_1)$、$\kappa_i(x_1)$ 表示应变场 $\Gamma_{ij}(x_1, x_2, x_3)$ 的一维运动学表达式。

2.5.2 梁的动力学

在已知应变场的情况下，利用广义胡克定律得到材料为各向同性线弹性时的梁内应力场，即

$$\sigma_{11} = (\lambda + 2G)\Gamma_{11}, \quad \sigma_{22} = \sigma_{33} = \lambda\Gamma_{11}, \quad \sigma_{12} = 2G\Gamma_{12}, \quad \sigma_{13} = 2G\Gamma_{13}, \quad \sigma_{23} = 0 \tag{2.133}$$

式中，$\lambda = \dfrac{\nu E}{(1+\nu)(1-2\nu)}$ 为拉梅常量；$G = \dfrac{E}{2(1+\nu)}$ 是剪切模量。

虽然式(2.133)的应力场是从广义胡克定律中推导出来，但与实验测量结果不完全一致。必须引入关于应力场的附加假设，以便对实际情况提供跟精确的近似。由于截面尺寸与梁轴线长度相比小得多，与 σ_{11} 相比，可以假设 $\sigma_{22} \approx 0$ 和 $\sigma_{33} \approx 0$。这一假设显然与式(2.132)中从应变场得到的应力场相矛盾，而应变场是根据Euler-Bernoulli 假设和 Saint-Venant 假设从位移场得到的。原因是 Euler-Bernoulli 假设和 Saint-Venant 假设①，横截面在其自身平面内保持刚性，明显违背了现实。当梁变形时，由于泊松效应，截面会在其自身平面内变形。因此，需推翻先前关

于运动学的假设，并引入以下应力场假设：

$$\sigma_{22} = \sigma_{33} = \sigma_{23} = 0 \tag{2.134}$$

最终得到了以下的应力场：

$$\sigma_{11} = E\Gamma_{11}, \quad \sigma_{12} = 2G\Gamma_{12}, \quad \sigma_{13} = 2G\Gamma_{13}, \quad \sigma_{22} = \sigma_{33} = \sigma_{23} = 0 \tag{2.135}$$

显然，式 (2.135) 应力场与式 (2.133) 中的应力场不同，这意味着式 (2.134) 中的应力场与初始的 Euler-Bernoulli 假设和 Saint-Venant 假设相矛盾。事实上，式 (2.134) 是从各向同性材料的应力-应变关系中得到的，假设 $\sigma_{22} = \sigma_{33} = 0$，这意味着 $\Gamma_{22} = \Gamma_{33} = -\dfrac{v}{E}\Gamma_{11}$ 是胡克定律的直接结果。该应变与式 (2.129) 中使用 Euler-Bernoulli 假设和 Saint-Venant 假设得到的应变场相矛盾。这种矛盾在基于特定假设的结构模型中很常见，需要基于 Euler-Bernoulli 假设和 Saint-Venant 假设，用一维运动学变量得到三维运动学的简单表达式，并且使用式 (2.134) 中的应力假设，从而使结果更符合实际。综上所述，为了基于特定假设推导经典梁模型，必须首先使用 Euler-Bernoulli 假设和 Saint-Venant 假设来关联一维运动学和三维运动学，然后使用式 (2.134) 中的应力假设得到三维应力场。换言之，在进一步推导中，使用式 (2.132)、式 (2.129) 和式 (2.130) 中的三维应变和式 (2.135) 中的三维应力，尽管它们是通过矛盾假设得到的。

还需要注意的是，式 (2.135) 中的横向剪应力仅由式 (2.130) 中的扭转引起，而由弯曲引起的横向剪应力（表示为 $\sigma_{1\alpha}^*$ 以作区分）无法通过这种方式得到。这是由于 Euler-Bernoulli 假设③，在变形过程中横截面与梁轴保持垂直时，可以合理假设梁在受弯时的横向剪切是无限刚性的。因此，由于弯曲引起的横向剪应力虽然普遍存在，但不能根据本构关系得到，必须根据平衡方程确定，这将在后面介绍。

为了建立一维梁模型，还需要引入一组称为截面内力的一维动力学变量，以与三维应力场相关联。截面内力定义如下：

$$\begin{aligned}
&\int \sigma_{11}\mathrm{d}A = F_1 \\
&\int (\sigma_{13}x_2 - \sigma_{12}x_3)\mathrm{d}A = M_1 \\
&\int \sigma_{11}x_3\mathrm{d}A = M_2 \\
&\int \sigma_{11}x_2\mathrm{d}A = -M_3
\end{aligned} \tag{2.136}$$

其中，A 表示横截面域。符号约定由图 2.16 所示微分梁端确定。F_α 的定义与式 (2.136) 中的第一个方程不同，式 (2.135) 中的 $\sigma_{1\alpha}$ 仅为扭转引起的横向剪切应力，在静力上等效于扭转力矩 M_1。因此，由扭转引起的横向剪应力产生的相应横向应力将消失。因此，将由弯曲引起的横向剪应力定义为

$$\int \sigma_{1\alpha}^*\mathrm{d}A = F_\alpha \tag{2.137}$$

F_α 不是一维经典梁模型中的动力学变量，仅用于用牛顿法推导平衡方程。要

建立梁的动力学方程，需要建立一维动力学变量 F_1、M_i 之间的控制方程，这些方程稍后将由牛顿法或变分法提供。

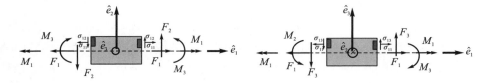

图 2.16　截面合力的符号约定

2.5.3　梁的能量学

将式 (2.132)、式 (2.129) 和式 (2.130) 的三维应变场和式 (2.135) 中的三维应力场代入式 (2.136)，得到

$$
\begin{aligned}
F_1 &= \int E\left(\varepsilon_1 + x_3\kappa_2 - x_2\kappa_3\right)\mathrm{d}A = S_{11}\varepsilon_1 + S_{13}\kappa_2 + S_{14}\kappa_3 \\
M_1 &= \int G\left(x_2\left(\Psi_{,3} + x_2\right) - x_3\left(\Psi_{,2} - x_3\right)\right)\kappa_1\mathrm{d}A = S_{22}\kappa_1 \\
M_2 &= \int x_3 E\left(\epsilon_1 + x_3\kappa_2 - x_2\kappa_3\right)\mathrm{d}A = S_{13}\epsilon_1 + S_{33}\kappa_2 + S_{34}\kappa_3 \\
M_3 &= -\int x_2 E\left(\epsilon_1 + x_3\kappa_2 - x_2\kappa_3\right)\mathrm{d}A = S_{14}\epsilon_1 + S_{34}\kappa_2 + S_{44}\kappa_3
\end{aligned}
\tag{2.138}
$$

式中，梁刚度为

$$
\begin{aligned}
S_{11} &= \int E\mathrm{d}A, \quad S_{13} = \int Ex_3\mathrm{d}A, \quad S_{14} = -\int Ex_2\mathrm{d}A \\
S_{22} &= \int G\left(x_2^2 + x_3^2 + x_2\Psi_{,3} - x_3\Psi_{,2}\right)\mathrm{d}A \\
S_{33} &= \int Ex_3^2\mathrm{d}A, \quad S_{34} = -\int Ex_2x_3\mathrm{d}A, \quad S_{44} = \int Ex_2^2\mathrm{d}A
\end{aligned}
\tag{2.139}
$$

由于梁是由单一各向同性材料构成的，可计算出常数 E 和 G。式 (2.139) 可以用矩阵形式重写为

$$
\begin{Bmatrix} F_1 \\ M_1 \\ M_2 \\ M_3 \end{Bmatrix} = \begin{bmatrix} S_{11} & 0 & S_{13} & S_{14} \\ 0 & S_{22} & 0 & 0 \\ S_{13} & 0 & S_{33} & S_{34} \\ S_{14} & 0 & S_{34} & S_{44} \end{bmatrix} \begin{Bmatrix} \varepsilon_1 \\ \kappa_1 \\ \kappa_2 \\ \kappa_3 \end{Bmatrix}
\tag{2.140}
$$

其中，S_{11} 为拉伸刚度；S_{13} 和 S_{14} 为拉伸-弯曲耦合刚度；S_{22} 为扭转刚度；S_{33} 和 S_{44} 为弯曲刚度；S_{34} 为交叉弯曲刚度。

式 (2.140) 可看成经典梁模型的本构关系，是广义胡克定律的一维对应关系。4×4 对称矩阵通常称为经典梁刚度矩阵。因为使用的假设和梁是由各向同性材料构成的，扭转行为与拉伸和弯曲解耦，即对称矩阵的第二行第二列元素为零。对于复合材料梁，刚度矩阵可以完全填充，即

$$\begin{Bmatrix} F_1 \\ M_1 \\ M_2 \\ M_3 \end{Bmatrix} = \begin{bmatrix} S_{11} & S_{12} & S_{13} & S_{14} \\ S_{12} & S_{22} & S_{23} & S_{24} \\ S_{13} & S_{23} & S_{33} & S_{34} \\ S_{14} & S_{24} & S_{34} & S_{44} \end{bmatrix} \begin{Bmatrix} \varepsilon_1 \\ \kappa_1 \\ \kappa_2 \\ \kappa_3 \end{Bmatrix}, \quad \begin{Bmatrix} \varepsilon_1 \\ \kappa_1 \\ \kappa_2 \\ \kappa_3 \end{Bmatrix} = \begin{bmatrix} c_{11} & c_{12} & c_{13} & c_{14} \\ c_{12} & c_{22} & c_{23} & c_{24} \\ c_{13} & c_{23} & c_{33} & c_{34} \\ c_{14} & c_{24} & c_{34} & c_{44} \end{bmatrix} \begin{Bmatrix} F_1 \\ M_1 \\ M_2 \\ M_3 \end{Bmatrix} \quad (2.141)$$

右边中的 4×4 矩阵称为柔度矩阵，它是刚度矩阵的逆矩阵。复合材料梁的刚度矩阵不能简单地用式(2.139)中的积分计算，需要数值方法。

1. 拉伸中心

通过选择坐标 x_α 的原点来解耦拉伸和弯曲，根据新选择的原点计算的拉伸-弯曲耦合刚度消失。这样的点称为质心，但更普遍称其为拉伸中心，因为在该点施加拉伸力时，不会导致弯曲变形(图 2.17)。选择原点在拉伸中心 (x_{2c}, x_{3c})，有

$$S_{13}^* = \int E(x_3 - x_{3c})\mathrm{d}A = 0 \Rightarrow x_{3c} = \frac{S_{13}}{S_{11}}$$
$$S_{14}^* = -\int E(x_2 - x_{2c})\mathrm{d}A = 0 \Rightarrow x_{2c} = \frac{-S_{14}}{S_{11}} \quad (2.142)$$

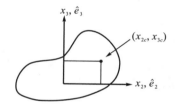

图 2.17　拉伸中心的位置示意图

换句话说，如果知道任意坐标下的经典刚度矩阵，就可以根据上面的公式计算出拉伸中心。原点位于 (x_{2c}, x_{3c}) 且 $x_1^* = x_1$ 的坐标系称为梁的中心坐标系。只要原点在质心处，则称此坐标系为质心坐标系。通常也会选择 x_α^* 与原坐标系 x_α 平行，之前的所有公式在这个新坐标系中是完全相同的(需要用 x_i^* 替换 x_i)，除了本构关系会变成

$$\begin{Bmatrix} F_1 \\ M_1 \\ M_2^* \\ M_3^* \end{Bmatrix} = \begin{bmatrix} S_{11} & 0 & 0 & 0 \\ 0 & S_{22} & 0 & 0 \\ 0 & 0 & S_{33}^* & S_{34}^* \\ 0 & 0 & S_{34}^* & S_{44}^* \end{bmatrix} \begin{Bmatrix} \varepsilon_1 \\ \kappa_1 \\ \kappa_2^* \\ \kappa_3^* \end{Bmatrix} \quad (2.143)$$

这里用上标星号表示这些量是关于中心坐标系 x_i^* 计算的。S_{33}^*、S_{34}^*、S_{44}^* 与原任意坐标系 x_i 中的值不同。

2. 主弯曲轴

由于中心坐标系的特殊选择，在经典梁刚度矩阵中拉伸与弯曲解耦。然而，在交叉弯曲刚度 S_{34}^* 不为零的情况下，两个方向的弯曲变形仍然是耦合的。通过旋转坐标 x_α^*，使旋转轴的交叉弯曲刚度消失。旋转轴为 $\bar{x}_\alpha$，称坐标轴 $\bar{x}_i$（$\bar{x}_1 = x_1^*$）为主弯曲轴。旋转角度可以计算为

$$\sin 2\alpha = -\frac{S_{34}^*}{H}, \quad \cos 2\alpha = \frac{S_{44}^* - S_{33}^*}{2H} \tag{2.144}$$

式中，$H = \sqrt{\dfrac{\left(S_{44}^* - S_{33}^*\right)^2}{4} + \left(S_{34}^*\right)^2}$。

在主质心弯曲坐标系中，有

$$\bar{S}_{34} = 0, \ \ \bar{S}_{33} = \frac{S_{44}^* + S_{33}^*}{2} - H, \ \ \bar{S}_{44} = \frac{S_{44}^* + S_{33}^*}{2} + H \tag{2.145}$$

式中，$\bar{S}_{33}$ 和 $\bar{S}_{44}$ 称为主弯曲刚度。

换言之，在主弯曲坐标系中，刚度矩阵是对角矩阵，可以完全分离所有四种基本变形模式(拉伸、扭转和两个方向的弯曲)。为了实现这种解耦，首先需要确定截面的质心，然后需要确定截面的主弯曲方向，最后在主弯曲坐标系中写出方程。具体来说，需要遵循以下步骤：

在任意用户坐标系中，根据式(2.140)计算式(2.139)的刚度矩阵。

①根据式(2.142)确定质心，在质心坐标系 x_i^* 中计算 S_{33}^*、S_{34}^*、S_{44}^*。

②根据式(2.144)计算主弯曲轴的旋转角度，确定主弯曲轴的方向，并根据式(2.145)计算主弯曲刚度。

③主质心坐标系的原点位于质心，且 $\bar{x}_i$ 与主弯曲轴对齐。至此，除了经典刚度矩阵变成对角矩阵，对角线上有 S_{11}、S_{22}、$\bar{S}_{33}$、$\bar{S}_{44}$ 外，得到的公式是相同的。注意，每个截面只有唯一的主质心坐标系统。对于简单的横截面，很容易识别这样的坐标系。对于一般的复合材料梁，4×4 经典梁刚度矩阵可以完全填充，这意味着所有四种变形模式可以完全耦合，这种解耦可能只会造成混淆，不再有太大的用处。

3. 复合材料梁的拉伸中心

复合材料梁的拉伸中心和主弯曲轴比各向同性均质梁的简单公式要复杂得多，但可以通过稍微修改拉伸中心和主弯曲轴的定义得到。由于经典梁模型的所有变形模式都是完全耦合的，因此只能在截面上严格定义主弯曲轴和拉伸轴。换句话说，将拉伸中心的定义修改为仅施加轴向力合力 F_1 时截面上的点，不会产生弯曲曲率。假设 F_1 作用于图 2.17 的质点，那么对于坐标系 x_i、F_1 也会产生弯矩

$M_2 = F_1 x_{3c}$，$M_3 = -F_1 x_{2c}$。利用式 (2.141) 中的第二个方程，有

$$
\begin{Bmatrix} \varepsilon_1 \\ \kappa_1 \\ \kappa_2 \\ \kappa_3 \end{Bmatrix} = \begin{bmatrix} c_{11} & c_{12} & c_{13} & c_{14} \\ c_{12} & c_{22} & c_{23} & c_{24} \\ c_{13} & c_{23} & c_{33} & c_{34} \\ c_{14} & c_{24} & c_{34} & c_{44} \end{bmatrix} \begin{Bmatrix} F_1 \\ 0 \\ F_1 x_{3c} \\ -F_1 x_{2c} \end{Bmatrix}
\tag{2.146}
$$

拉伸中心的定义需要 $\kappa_2 = \kappa_3 = 0$，这意味着

$$
c_{13} + c_{33} x_{3c} - c_{34} x_{2c} = 0, \quad c_{14} + c_{34} x_{3c} - c_{44} x_{2c} = 0
\tag{2.147}
$$

可用于确定拉伸中心的位置，即

$$
x_{2c} = \frac{c_{14} c_{33} - c_{13} c_{34}}{c_{33} c_{44} - c_{34}^2}, \quad x_{3c} = \frac{c_{14} c_{34} - c_{13} c_{44}}{c_{33} c_{44} - c_{34}^2}
\tag{2.148}
$$

将坐标系原点重新移动到拉伸中心，可得到质心坐标系，该坐标系中的柔度矩阵形式为

$$
\begin{Bmatrix} \varepsilon_1 \\ \kappa_1 \\ \kappa_2 \\ \kappa_3 \end{Bmatrix} = \begin{bmatrix} c_{11}^* & c_{12}^* & 0 & 0 \\ c_{12}^* & c_{22}^* & c_{23}^* & c_{24}^* \\ 0 & c_{23}^* & c_{33}^* & c_{34}^* \\ 0 & c_{24}^* & c_{34}^* & c_{44}^* \end{bmatrix} \begin{Bmatrix} F_1 \\ M_1 \\ M_2 \\ M_3 \end{Bmatrix}
\tag{2.149}
$$

所有梁应变和截面合力在中心坐标系 x_i^* 中定义，即使在柔度矩阵中消除了两个拉伸-弯曲耦合项，拉伸仍然与扭转耦合，而扭转本身可以与弯曲耦合。也就是说，对于一般的复合材料梁，不能完全地将拉伸与弯曲解耦。这就是为什么对于复合材料梁，拉伸中心和弯曲主轴意义不大。

2.5.4　梁的平衡方程

经典梁问题求解未知梁位移 $(\bar{u}_i, \Phi_1)$、梁应变 $(\varepsilon_1, \kappa_i)$ 和应力合力 (F_1, M_i)，总共 12 个未知量。目前为止，已经得到了式 (2.131) 中一维应变-位移关系的四个方程和式 (2.140) 中一维本构关系的四个方程，共八个方程。还缺少四个方程来形成一个完整的系统，这四个方程可以用牛顿法或变分法推导出。

为了用牛顿法推导出经典梁模型的平衡方程，需要用一些自由体图来考虑微分梁单元的平衡。考虑具有任意截面形状的梁承受复杂的三维载荷，如图 2.18 所示。该载荷包括分布和集中的轴向和横向载荷，以及分布和集中力矩。轴向和横向分布载荷 P_1、P_2 和 P_3 分别作用于 $\hat{e}_1$、$\hat{e}_2$ 和 $\hat{e}_3$ 方向，集中载荷 P_1、P_2 和 P_3 使用相同的约定。分布力矩 $q_1(x_1)$、$q_2(x_1)$ 和 $q_3(x_1)$ 分别作用于 $\hat{e}_1$、$\hat{e}_2$ 和 $\hat{e}_3$ 轴，集中力矩 Q_1、Q_2 和 Q_3 作用在同一轴上。图 2.18 是作用在梁端的集中力和力矩，但在实际情况下，此类集中载荷可应用于任何跨度位置。这里，考虑作用在 x_α 原点的分布力 p_i 和分布力矩 q_i，它们仅是 x_1 的函数。换言之，它们仅沿梁轴分布，而不沿截

面分布。实际上在原三维结构中，三维弹性框架内存在分布力和沿边界表面的分布表面力。一维载荷与三维载荷之间的关系应该是静力等效的，即三维载荷在三个方向上的力和力矩之和应等于一维载荷的总和。如何系统地实现这一点将在下节用变分法推导经典梁模型时给出。

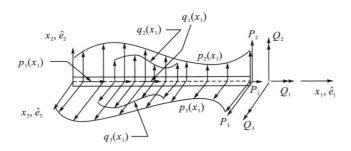

图 2.18　任意三维载荷作用下的梁

平衡方程可从微分梁单元的自由体图 2.18 导出。首先研究沿梁轴方向的平衡。如图 2.19 所示，考虑长度为 $\mathrm{d}x_1$ 的梁最小节段。将轴向上的所有力相加，得出如下方程：

$$\frac{\mathrm{d}F_1}{\mathrm{d}x_1} = -p_1\left(x_1\right) \tag{2.150}$$

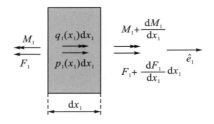

图 2.19　轴向力的自由体图

将轴向上的所有力矩相加，得出如下方程：

$$\frac{\mathrm{d}M_1}{\mathrm{d}x_1} = -q_1\left(x_1\right) \tag{2.151}$$

图 2.20(a) 是作用在梁节段 $\left(\hat{e}_1, \hat{e}_2\right)$ 平面上的横向载荷和弯矩。沿 $\hat{e}_2$ 轴的力相加得到的横向力平衡方程为

$$\frac{\mathrm{d}F_2}{\mathrm{d}x_1} = -p_2\left(x_1\right) \tag{2.152}$$

沿平行于 $\hat{e}_3$ 轴的力矩之和为

$$\frac{\mathrm{d}M_3}{\mathrm{d}x_1} + F_2 = -q_3\left(x_1\right) \tag{2.153}$$

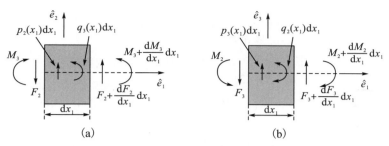

图 2.20　横向剪力、弯矩自由体图

同样，图 2.20 (b) 是作用在梁节段上 $(\hat{e}_1, \hat{e}_3)$ 平面上的横向载荷和弯矩。沿 $\hat{e}_3$ 轴的力相加得到第二个横向力平衡方程

$$\frac{\mathrm{d}F_3}{\mathrm{d}x_1} = -p_3(x_1) \tag{2.154}$$

沿平行于 $\hat{e}_2$ 轴的力矩之和为

$$\frac{\mathrm{d}M_2}{\mathrm{d}x_1} - F_3 = -q_2(x_1) \tag{2.155}$$

剪力 F_2 和 F_3 可以分别通过对式 (2.155) 和式 (2.153) 求导，然后代入式 (2.154) 和式 (2.152) 从平衡方程中消除，最终弯矩平衡方程为

$$\frac{\mathrm{d}^2M_2}{\mathrm{d}x_1^2} = -p_3(x_1) - \frac{\mathrm{d}q_2}{\mathrm{d}x_1} \tag{2.156}$$

$$\frac{\mathrm{d}^2M_3}{\mathrm{d}x_1^2} = p_2(x_1) - \frac{\mathrm{d}q_3}{\mathrm{d}x_1} \tag{2.157}$$

式 (2.150)、式 (2.151)、式 (2.156) 和式 (2.157) 是建立经典梁理论所需的最后四个方程。将式 (2.131) 中的一维应变-位移关系代入式 (2.140) 中的一维本构关系，再代入四个一维平衡方程，得到经典梁理论的位移公式为

$$\frac{\mathrm{d}}{\mathrm{d}x_1}\left(S_{11}\bar{u}_{1,1} - S_{13}\bar{u}_{3,11} + S_{14}\bar{u}_{2,11}\right) = -p_1 \tag{2.158}$$

$$\frac{\mathrm{d}}{\mathrm{d}x_1}\left(S_{22}\Phi_{,1}\right) = -q_1 \tag{2.159}$$

$$\frac{\mathrm{d}^2}{\mathrm{d}x_1^2}\left(S_{13}\bar{u}_{1,1} - S_{33}\bar{u}_{3,11} + S_{34}\bar{u}_{2,11}\right) = -p_3(x_1) - \frac{\mathrm{d}q_2}{\mathrm{d}x_1} \tag{2.160}$$

$$\frac{\mathrm{d}^2}{\mathrm{d}x_1^2}\left(S_{14}\bar{u}_{1,1} - S_{34}\bar{u}_{3,11} + S_{44}\bar{u}_{2,11}\right) = p_2(x_1) - \frac{\mathrm{d}q_3}{\mathrm{d}x_1} \tag{2.161}$$

如果严格遵守 Saint-Venant 假设，即 $\kappa_1 = \Phi_{,1}$ 是常数，则式 (2.159) 只有当 $q_1(x_1)$ 消失时才成立。但对于一般的梁结构，存在 $q_1(x_1)$ 分布力矩。换言之，κ_1 由第二个方程确定，并使用 Saint-Venant 假设得到位移场和应变场的近似值。

确定与求解微分方程组相关的常数总共需要 12 个边界条件。假设梁在根部固支 $x_1 = 0$，此时有以下 6 个边界条件：

$$\bar{u}_1 = \bar{u}_2 = \bar{u}_3 = 0, \quad \Phi_1 = 0, \quad \bar{u}_{2,1} = \bar{u}_{3,1} = 0 \tag{2.162}$$

根据式 (2.121)，式 (2.162) 对应于由于 Euler-Bernoulli 假设③而在梁根部消失的位移和旋转。如果梁另一端 $(x_1 = L)$ 也承受集中载荷 (P_i) 和力矩 (Q_i)，那么在该点有以下 6 个边界条件

$$F_1 = P_1, \quad F_2 = P_2, \quad F_3 = P_3, \quad M_1 = Q_1, \quad M_2 = Q_2, \quad M_3 = Q_3 \tag{2.163}$$

引入式 (2.140) 截面本构关系，并利用式 (2.131) 截面应变的定义和式 (2.153)、式 (2.155) 的平衡方程，可将式 (2.163) 中的边界条件用位移表示为

$$S_{11}\bar{u}_{1,1} - S_{13}\bar{u}_{3,11} + S_{14}\bar{u}_{2,11} = P_1$$

$$-\frac{\mathrm{d}}{\mathrm{d}x_1}\left(S_{14}\bar{u}_{1,1} - S_{34}\bar{u}_{3,11} + S_{44}\bar{u}_{2,11}\right) = P_2 + q_3(L)$$

$$\frac{\mathrm{d}}{\mathrm{d}x_1}\left(S_{13}\bar{u}_{1,1} - S_{33}\bar{u}_{3,11} + S_{34}\bar{u}_{2,11}\right) = P_3 - q_2(L) \tag{2.164}$$

$$S_{22}\Phi_{1,1} = Q_1$$

$$S_{13}\bar{u}_{1,1} - S_{33}\bar{u}_{3,11} + S_{34}\bar{u}_{2,11} = Q_2$$

$$S_{14}\bar{u}_{1,1} - S_{34}\bar{u}_{3,11} + S_{44}\bar{u}_{2,11} = Q_3$$

该问题的控制方程由四个关于梁位移 $\bar{u}_i$ 和 Φ_1 的耦合微分方程 (2.158)、(2.159)、(2.160) 和 (2.161) 构成，总共有 12 个相关的边界条件，在梁的两端各有 6 个边界条件。根据平衡条件，可以使用边界点处的自由体图推导出对应于各种端部约束下的边界条件。

如果选择弯曲的主质心轴 $(\bar{x}_i)$ 为坐标系，则四种经典变形模式 (拉伸、扭转和两个方向弯曲) 将完全解耦，相应的控制方程简化为

$$\left(S_{11}\bar{u}_{1,1}\right)_{,1} = -p_1, \quad \left(S_{22}\Phi_{1,1}\right)_{,1} = -q_1$$

$$\left(S_{33}\bar{u}_{3,11}\right)_{,11} = p_3(x_1) + q_{2,1}, \quad \left(S_{44}\bar{u}_{2,11}\right)_{,11} = p_2(x_1) - q_{3,1} \tag{2.165}$$

式 (2.164) 中的边界条件简化为

$$S_{11}\bar{u}_{1,1} = P_1, \quad -\left(S_{44}\bar{u}_{2,11}\right)_{,1} = P_2 + q_3(L), \quad -\left(S_{33}\bar{u}_{3,11}\right)_{,1} = P_3 - q_2(L)$$

$$S_{22}\Phi_{1,1} = Q_1, \quad S_{33}\bar{u}_{3,11} = -Q_2, \quad S_{44}\bar{u}_{2,11} = Q_3 \tag{2.166}$$

2.5.5   基于变分法的等效梁模型

基于 Kantorovich 模型的变分法可以更系统地推导出经典梁模型的平衡方程。从 Kantorovich 模型的角度看，建立等效梁模型的目标是将原三维问题简化为一维问题，需根据梁轴 x_1 的一维未知函数和横截面坐标 x_α 的已知函数来近似原三维场。

为此，基于 Euler-Bernoulli 假设和 Saint-Venant 假设，式(2.126)的位移场可看成三维位移场的近似试函数，将式(2.135)中的应力场看成三维应力场的近似试函数。对于原三维结构，载荷可以是分布体力 f_i 和/或表面面力 t_i 施加。梁结构的虚功原理可以表示为

$$\frac{1}{2}\int_0^L \delta U_{1D} dx_1 = \delta W \tag{2.167}$$

将 U_{1D} 理解为沿梁轴的一维应变能密度，定义为

$$U_{1D} = \frac{1}{2}\left\langle \sigma_{ij}\Gamma_{ij}\right\rangle \tag{2.168}$$

其中，尖括号表示对截面的积分。

载荷产生的虚功 δW 可表示为

$$\delta W = \int_0^L \left(\left\langle f_i \delta u_i\right\rangle + \oint_{\partial\Omega} t_i \delta u_i ds\right) dx_1 + \left\langle t_i \delta u_i\right\rangle\Big|_{x_1=0}^{x_1=L} \tag{2.169}$$

其中，$\partial\Omega$ 是梁结构的侧面，最后一项表示根部 $(x_1=0)$ 和端部 $(x_1=L)$ 的积分。

将式(2.126)中的三维位移场代入式(2.169)，得到

$$\delta W = \int_0^L \left(p_i\delta\overline{u}_i + q_i\delta\Phi_i\right) dx_1 + \left(P_i\delta\overline{u}_i + Q_i\delta\Phi_i\right)\Big|_{x_1=0}^{x_1=L} \tag{2.170}$$

其中

$$\begin{aligned}
&\Phi_2 = -u_{3,1}, \quad \Phi_3 = -u_{2,1}\\
&p_i(x_1) = \left\langle f_i\right\rangle + \oint_{\partial\Omega} t_i ds\\
&q_1(x_1) = \left\langle x_2 f_3 - x_3 f_2\right\rangle + \oint_{\partial\Omega}(x_2 t_3 - x_3 t_2)ds\\
&q_2(x_1) = \left\langle x_3 f_1\right\rangle + \oint_{\partial\Omega} x_3 t_1 ds\\
&q_3(x_1) = -\left\langle x_2 f_1\right\rangle - \oint_{\partial\Omega} x_2 t_1 ds\\
&P_i = \left\langle t_i\right\rangle\\
&Q_1 = \left\langle x_2 t_3 - x_3 t_2\right\rangle\\
&Q_2 = \left\langle x_3 t_1\right\rangle\\
&Q_3 = -\left\langle x_2 t_1\right\rangle
\end{aligned} \tag{2.171}$$

在这里，实际上提供了一种系统的方法得到沿梁轴的分布力 $p_i(x_1)$ 和力矩 $q_i(x_1)$，以及在牛顿法中使用的集中力 p_i 和力矩 q_i，其基础是在三维结构中最初施加的体力 b_i 和表面力 t_i。应对 $x_1=0$ 或 $x_1=L$ 端部表面上的集中力 P_i 和 Q_i 进行评估。在推导式(2.170)时，翘曲函数是已知的，并且根据 Saint-Venant 假设，扭曲率 κ_1 也假设为常数。

将式(2.135)中的三维应力场代入式(2.168)，得到

$$U_{1D} = \frac{1}{2} \left\langle E\Gamma_{11}^2 + 4G\left(\Gamma_{12}^2 + \Gamma_{13}^2\right) \right\rangle \qquad (2.172)$$

将式(2.132)、式(2.129)和式(2.130)中的三维应变场代入式(2.172)，得到

$$U_{1D} = \frac{1}{2}\left(S_{11}\varepsilon_1^2 + 2S_{13}\varepsilon_1\kappa_2 + 2S_{14}\varepsilon_1\kappa_3 + S_{33}\kappa_2^2 + 2S_{34}\kappa_2\kappa_3 + S_{44}\kappa_3^2 + S_{22}\kappa_1^2\right) \quad (2.173)$$

式中，刚度常数 S_{11}、S_{13}、S_{14}、S_{33}、S_{34}、S_{44} 与式(2.139)中的定义相同；

$$S_{22} = \left\langle G\left[\left(\Psi_{,2} - x_3\right)^2 + \left(\Psi_{,3} + x_2\right)^2\right] \right\rangle \qquad (2.174)$$

式(2.174)可以证明与式(2.139)中的定义相同，因为

$$\begin{aligned}&\left\langle G\left[\left(\Psi_{,2} - x_3\right)\Psi_{,2} + \left(\Psi_{,3} + x_2\right)\Psi_{,3}\right] \right\rangle = \left\langle G\left\{\left[\left(\Psi_{,2} - x_3\right)\Psi\right]_{,2} + \left[\left(\Psi_{,3} + x_2\right)\Psi\right]_{,3}\right\} \right\rangle \\&= \oint_{\partial A} G\Psi\left(\left(\Psi_{,2} - x_3\right)n_2 + \left(\Psi_{,3} + x_2\right)n_3\right)\mathrm{d}s\end{aligned} \quad (2.175)$$

由于 Ψ 必须满足横截面域中式(2.125)中的控制方程和横截面边界曲线上的无应力边界条件(用 ∂A 表示)，因此(2.175)消失。

对式(2.173)中的 U_{1D} 求偏导，并根据式(2.138)，得到

$$\begin{aligned}\frac{\partial U_{1D}}{\partial \varepsilon_1} &= \left(S_{11}\varepsilon_1 + S_{13}\kappa_2 + S_{14}\kappa_3\right) = F_1 \\[2mm]\frac{\partial U_{1D}}{\partial \kappa_1} &= S_{22}\kappa_1 = M_1 \\[2mm]\frac{\partial U_{1D}}{\partial \kappa_2} &= \left(S_{13}\varepsilon_1 + S_{33}\kappa_2 + S_{34}\kappa_3\right) = M_2 \\[2mm]\frac{\partial U_{1D}}{\partial \kappa_3} &= \left(S_{14}\varepsilon_1 + S_{34}\kappa_2 + S_{44}\kappa_3\right) = M_3\end{aligned} \qquad (2.176)$$

式(2.176)给出了用一维应变能密度定义截面应力和共轭一维梁应变的另一种方法，即应力合力可以定义为一维应变能密度相对于相应的一维梁应变量的偏导数，这些方程也可以写成与式(2.140)相同的矩阵形式。换言之，变分法提供了推导与 2.3 节相同能量学的另一种方法。

将式(2.170)代入式(2.167)，可以将虚功原理改写为一维形式，即

$$\int_0^L \delta U_{1D}\mathrm{d}x_1 = \int_0^L \left(p_i\delta\overline{u}_i + q_i\delta\Phi_i\right)\mathrm{d}x_1 + \left.\left(P_i\delta\overline{u}_i + Q_i\delta\Phi_i\right)\right|_{\substack{x_1=0 \\ x_1=L}} \qquad (2.177)$$

这意味着

$$0 = \int_0^L \left(\delta U_{1D} - p_i\delta\overline{u}_i - q_i\delta\Phi_i\right)\mathrm{d}x_1 - \left.\left(P_i\delta\overline{u}_i + Q_i\delta\Phi_i\right)\right|_{\substack{x_1=0 \\ x_1=L}} \qquad (2.178)$$

根据式(2.176)可以计算一维应变能密度 U_{1D} 的变化，即

$$\delta U_{1D} = F_1\delta\varepsilon_i + M_i\delta\kappa_i = F_1\delta\overline{u}_{1,1} + M_1\delta\Phi_{1,1} - M_2\delta u_{3,11} + M_3\delta u_{2,11} \qquad (2.179)$$

利用 $\Phi_2 = -\overline{u}_{3,1}$ 和 $\Phi_3 = \overline{u}_{2,1}$，并对式(2.178)中的积分项进行了分段积分，可以将式(2.178)改写为

$$0 = \int_0^L \Big(\big(M_{3,11} + q_{3,1} - p_2 \big) \delta \overline{u}_2 - \big(M_{2,11} + q_{2,11} + p_3 \big) \delta \overline{u}_3 - \big(F_{1,1} + p_1 \big) \delta \overline{u}_1 - \big(M_{1,1} + q_1 \big) \delta \Phi_1 \Big) \mathrm{d}x_1$$
$$- \Big[\big(P_1 + F_1 \big) \delta \overline{u}_1 + \big(Q_1 + M_1 \big) \delta \Phi_1 + \big(P_2 - M_{3,1} - q_3 \big) \delta \overline{u}_2 + \big(P_3 + M_{2,1} + q_2 \big) \delta \overline{u}_3$$
$$+ \big(Q_3 + M_3 \big) \delta \overline{u}_{2,1} - \big(Q_2 + M_2 \big) \delta \overline{u}_{3,1} \Big]_{x_1=0}$$
$$- \Big[\big(P_1 - F_1 \big) \delta \overline{u}_1 + \big(Q_1 - M_1 \big) \delta \Phi_1 + \big(P_2 + M_{3,1} + q_3 \big) \delta \overline{u}_2 + \big(P_3 - M_{2,1} - q_2 \big) \delta \overline{u}_3$$
$$+ \big(Q_3 - M_3 \big) \delta \overline{u}_{2,1} - \big(Q_2 - M_2 \big) \delta \overline{u}_{3,1} \Big]_{x_1=L}$$

$$(2.180)$$

由于 $\overline{u}_i$ 和 Φ_1 是经典梁模型的四个未知函数，可以独立变化。相应的欧拉-拉格朗日方程为

$$F_{1,1} + p_1 = 0, \quad M_{1,1} + q_1 = 0, \quad M_{2,11} + q_{2,1} + p_3 = 0, \quad M_{3,11} + q_{3,1} - p_2 = 0 \quad (2.181)$$

这与使用牛顿法得到的平衡方程(2.150)、(2.151)、(2.156)、(2.157)相同。由边界条件可以从式(2.180)的最后四行推导出来。如果知道某些位移量 $(\overline{u}_i, \Phi_1, \overline{u}_{\alpha,1})$，其变化必须为零。如根部固支，有 $\overline{u}_i = 0$，$\Phi_1 = 0$，$\overline{u}_{\alpha,1} = 0$，这意味着 $\delta \overline{u}_i = 0$，$\delta \Phi_1 = 0$，$\delta \overline{u}_{\alpha,1} = 0$，在式(2.180)中 $x_1=0$ 处的边界项将自动消失。若尖端位移和旋转自由变化，这些变量变化前的系数必须为零，即

$$F_1 = P_1, \quad M_1 = Q_1, \quad P_2 = -M_{3,1} - q_3$$
$$P_3 = M_{2,1} + q_2, \quad Q_2 = M_2, \quad Q_3 = M_3$$

$$(2.182)$$

该边界条件与边界条件(2.163)是相同的。

利用式(2.140)中的一维本构关系和式(2.131)中的截面应变定义，可以用 $\overline{u}_i$、Φ_1 表示控制方程和边界条件，这与用牛顿法推导的结果完全相同。

虽然牛顿法和变分法都是基于相同的特定假设得到式(2.126)的位移场，式(2.132)、(2.129)、(2.130)的应变场，式(2.135)的应力场，但这两种方法之间存在一定的区别。

(1)变分法推导不需要引入横向剪应力合力。

(2)变分法可以在原三维结构中施加载荷与最终的一维梁模型之间建立合理的连接。

(3)变分法虽然缺乏直观性，但更系统。在推导过程中，很难出现牛顿法中常见的符号错误，特别是在推导边界条件时。

(4)变分法基于 Kantrovich 模型，因此很容易通过对一维未知函数的三维位移场使用不同的假设扩展高阶模型的推导，而用牛顿法扩展则困难得多。

由于这两种方法都是基于一系列特定假设，因此具有与前面几节讨论的相同的矛盾。下节将使用变分渐近法建立经典梁模型，而不需要调用任何特定假设，从而避免自相矛盾。

2.5.6 基于变分渐近法的等效梁模型

梁模型的主要目的是用梁轴未知函数表示的一维梁模型来近似原三维模型。由于梁横截面域远小于梁的跨度，可以利用该特征使用变分渐近法推导出经典梁模型。为了便于说明，考虑长度为 L、横截面尺寸为 h 的等截面梁（图 2.21），$\delta = h/L$ 是小参数。假设三维位移为 $u_i(x_1, x_2, x_3)$，则三维线弹性应变为

$$\Gamma_{ij} = \frac{1}{2}\left(u_{i,j} + u_{j,i}\right) \tag{2.183}$$

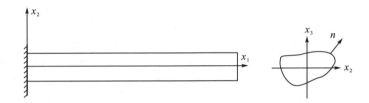

图 2.21　梁的示意图

为了继续使用变分渐近法，需要一些非常基本的阶数分析知识。对于连续可微函数 $f(x)$，$x \in [a,b]$；如果将 $f(x)$ 的阶数表示为 n，那么 $\dfrac{\mathrm{d}f}{\mathrm{d}x}$ 的阶数为 $\dfrac{n}{b-a}$，表示为 $\dfrac{\mathrm{d}f}{\mathrm{d}x} \sim \dfrac{n}{b-a}$。很明显，$u_{i,1} \sim \overline{u}_i/L$，$u_{i,\alpha} \sim \overline{u}_i/h$，且 $u_{i,1} \ll u_{i,\alpha}$，因为 $\delta = h/L \ll 1$。

三维应变场可以表示为

$$\begin{aligned}
&\Gamma_{11} = u_{1,1}, \quad 2\Gamma_{12} = u_{1,2} + u_{2,1}, \quad 2\Gamma_{13} = u_{1,3} + u_{3,1} \\
&\Gamma_{22} = u_{2,2}, \quad 2\Gamma_{23} = u_{2,3} + u_{3,2}, \quad \Gamma_{33} = u_{3,3}
\end{aligned} \tag{2.184}$$

原三维结构的总势能为

$$\Pi = \frac{1}{2}\int_0^L U_{1\mathrm{D}}\,\mathrm{d}x_1 - W \tag{2.185}$$

一维应变能密度为

$$\begin{aligned}
2U_{1\mathrm{D}} = {}& \left\langle E\Gamma_{11}^2 \right\rangle + \left\langle G\left(2\Gamma_{12}\right)^2 + G\left(2\Gamma_{13}\right)^2 + G\left(2\Gamma_{23}\right)^2 \right\rangle \\
&+ \left\langle \frac{E}{(1+\nu)(1-2\nu)}\begin{Bmatrix} \nu\Gamma_{11} + \Gamma_{22} \\ \nu\Gamma_{11} + \Gamma_{33} \end{Bmatrix}^{\mathrm{T}} \begin{bmatrix} 1-\nu & \nu \\ \nu & 1-\nu \end{bmatrix} \begin{Bmatrix} \nu\Gamma_{11} + \Gamma_{22} \\ \nu\Gamma_{11} + \Gamma_{33} \end{Bmatrix} \right\rangle
\end{aligned} \tag{2.186}$$

尽管这种形式与式 (2.168) 不同，但经过一些代数运算后，它们是相同的。

由式 (2.169) 可知，在原三维结构中施加载荷所做的功为

$$W = \int_0^L \left(\left\langle f_i u_i \right\rangle + \oint_{\partial\Omega} t_i u_i\,\mathrm{d}s \right)\mathrm{d}x_1 + \left\langle t_i u_i \right\rangle\big|_{x_1=0} + \left\langle t_i u_i \right\rangle\big|_{x_1=L} \tag{2.187}$$

假设在线弹性框架内三维应变场很小，即 $\hat{\epsilon} = O\left(\varepsilon_{ij}\right) \ll 1$，其中 $\hat{\epsilon}$ 表示三维应变场的特征量。从式 (2.184) 可以得到

$$u_i = O(L\hat{\epsilon}) \tag{2.188}$$

一维应变能密度的阶数为 $\bar{\mu} h^2 \hat{\epsilon}^2$，其中 $\bar{\mu}$ 表示弹性常数的阶数。$h/L \to 0$ 的变形有界条件对外力的阶数有一定的限制。显然，所做的功必须与应变能的阶数相同，即 $f_i u_i h^2 \sim t_i u_i h \sim \bar{\mu} h^2 \hat{\epsilon}^2$。根据式 (2.188)，有

$$f_i h \sim t_i \sim \bar{\mu} \frac{h}{L} \hat{\epsilon} \tag{2.189}$$

将式 (2.184) 中的应变场代入式 (2.185) 中原结构的总势能，去掉较小项，得到

$$
\begin{aligned}
2\Pi = {} & \left\langle G u_{1,2}^2 + G u_{1,3}^2 + G\left(u_{2,3} + u_{3,2}\right)^2 \right\rangle \\
& + \left\langle \frac{E}{(1+\nu)(1-2\nu)} \begin{Bmatrix} u_{2,2} \\ u_{3,3} \end{Bmatrix}^{\mathrm{T}} \begin{bmatrix} 1-\nu & \nu \\ \nu & 1-\nu \end{bmatrix} \begin{Bmatrix} u_{2,2} \\ u_{3,3} \end{Bmatrix} \right\rangle
\end{aligned} \tag{2.190}
$$

式 (2.190) 保留项的阶数 $\bar{\mu} L^2 \hat{\epsilon}^2$ 比在应变能和按阶数 $\bar{\mu} h^2 \hat{\epsilon}^2$ 所做虚功中忽略的要大得多。结构的行为受最小总势能原理控制。如果满足以下条件，式 (2.190) 中的二次型将达到绝对最小值。

$$u_{1,2} = u_{1,3} = u_{2,2} = u_{3,3} = u_{2,3} + u_{3,2} = 0 \tag{2.191}$$

得到以下解：

$$u_1\left(x_1, x_2, x_3\right) = \bar{u}_1\left(x_1\right) \tag{2.192}$$

$$u_2\left(x_1, x_2, x_3\right) = \bar{u}_2\left(x_1\right) - x_3 \varPhi_1\left(x_1\right) \tag{2.193}$$

$$u_3\left(x_1, x_2, x_3\right) = \bar{u}_3\left(x_1\right) + x_2 \varPhi_1\left(x_1\right) \tag{2.194}$$

其中，u_i 和 $\varPhi_1$ 是 x_1 的任意未知一维函数。

虽然用 x_1 的一维函数表示三维位移场，但还不确定是否已经包含了与经典梁模型相对应的所有项。需要通过摄动位移场来继续变分渐近过程，即

$$
\begin{aligned}
u_1\left(x_1, x_2, x_3\right) &= \bar{u}_1\left(x_1\right) + v_1\left(x_1, x_2, x_3\right) \\
u_2\left(x_1, x_2, x_3\right) &= \bar{u}_2\left(x_1\right) - x_3 \varPhi_1\left(x_1\right) + v_2\left(x_1, x_2, x_3\right) \\
u_3\left(x_1, x_2, x_3\right) &= \bar{u}_3\left(x_1\right) + x_2 \varPhi_1\left(x_1\right) + v_3\left(x_1, x_2, x_3\right)
\end{aligned} \tag{2.195}
$$

当 v_1 渐近小于 $\bar{u}_1$ 时，v_2 渐近小于 $\bar{u}_2 - x_3 \varPhi_1$，$v_3$ 渐近小于 $\bar{u}_3 + x_2 \varPhi_1$。因为 $\bar{u}_i$、$\varPhi_1$ 是四个任意函数，为了式 (2.195) 中表达式的精确性，需要对三维函数 v_i 引入四个约束。四个约束的选择直接关系到如何根据三维位移场 $u_i\left(x_1, x_2, x_3\right)$ 定义四个一维函数 $\bar{u}_i\left(x_1\right)$、$\varPhi_1\left(x_1\right)$。如果选择约束为

$$\left\langle v_i \right\rangle = 0, \quad \left\langle v_{3,2} - v_{2,3} \right\rangle = 0 \tag{2.196}$$

意味着根据三维位移定义 $\bar{u}_i\left(x_1\right)$、$\varPhi_1\left(x_1\right)$ 为

$$\overline{u}_1(x_1) = \langle u_1(x_1, x_2, x_3) \rangle$$

$$\Phi_1(x_1) = \frac{1}{2}\langle u_{3,2} - u_{2,3} \rangle$$

$$\overline{u}_2(x_1) = \langle u_2(x_1, x_2, x_3) \rangle + \langle x_3 \rangle \Phi_1(x_1) \tag{2.197}$$

$$\overline{u}_3(x_1) = \langle u_3(x_1, x_2, x_3) \rangle - \langle x_2 \rangle \Phi_1(x_1)$$

如果 x_α 的原点位于横截面的几何中心（即 $\langle x_\alpha \rangle = 0$），则 $\overline{u}_i$ 定义为横截面上相应三维位移 u_i 的积分，Φ_1 定义为横截面上相应三维轴向旋转 $\frac{1}{2}(u_{3,2} - u_{2,3})$ 的积分。为了简化推导，将 x_α 限制为几何中心。

将式(2.195)中的位移场代入式(2.184)，得到如下三维应变场：

$$\Gamma_{11} = \varepsilon_1 + v_{1,1}, \quad 2\Gamma_{12} = v_{1,2} + \overline{u}_{2,1} - x_3\kappa_1 + v_{2,1}, \quad 2\Gamma_{13} = v_{1,3} + \overline{u}_{3,1} + x_2\kappa_1 + v_{3,1}$$

$$\Gamma_{22} = v_{2,2}, \quad 2\Gamma_{23} = v_{2,3} + v_{3,2}, \quad \Gamma_{33} = v_{3,3} \tag{2.198}$$

式中，$\varepsilon_1 = \overline{u}_{1,1}$，$\kappa_1 = \Phi_{1,1}$。

将式(2.195)中的位移场和式(2.198)中的三维应变场代入式(2.185)中原三维结构的总势能，去掉较小项，得到

$$2\Pi = \langle E \rangle \varepsilon_1^2 + \left\langle G(v_{1,2} + \overline{u}_{2,1} - x_3\kappa_1)^2 + G(v_{1,3} + \overline{u}_{3,1} + x_2\kappa_1)^2 + G(v_{2,3} + v_{3,2})^2 \right\rangle$$

$$+ \left\langle \frac{E}{(1+\nu)(1-2\nu)} \begin{Bmatrix} \nu\varepsilon_1 + v_{2,2} \\ \nu\varepsilon_1 + v_{3,3} \end{Bmatrix}^T \begin{bmatrix} 1-\nu & \nu \\ \nu & 1-\nu \end{bmatrix} \begin{Bmatrix} \nu\varepsilon_1 + v_{2,2} \\ \nu\varepsilon_1 + v_{3,3} \end{Bmatrix} \right\rangle \tag{2.199}$$

$$- \int_0^L \left(\langle f_i\overline{u}_i + (x_2f_3 - x_3f_2)\Phi_1 \rangle + \oint_{\partial\Omega} t_i\overline{u}_i + (x_2t_3 - x_3t_2)\Phi_1 \mathrm{d}s \right) \mathrm{d}x_1$$

$$- \langle t_i\overline{u}_i + (x_2t_3 - x_3t_2)\Phi_1 \rangle \Big|_{x_1=0} - \langle t_i\overline{u}_i + (x_2t_3 - x_3t_2)\Phi_1 \rangle \Big|_{x_1=L}$$

当满足下列条件时，v_α 相关项将达到绝对最小值：

$$v_{2,3} + v_{3,2} = 0, \quad \nu\varepsilon_1 + v_{2,2} = 0, \quad \nu\varepsilon_1 + v_{3,3} = 0 \tag{2.200}$$

有以下解：

$$v_\alpha = -x_\alpha\nu\varepsilon_1 \tag{2.201}$$

x_1 未知函数可以被吸收到 $\overline{u}_2(x_1)$ 和 $\Phi_1(x_1)$ 中。式(2.199)中 v_1 相关项最小的条件必须使用通常的变分法步骤得到。对应横截面域上的欧拉-拉格朗日方程为

$$v_{1,22} + v_{1,33} = 0 \tag{2.202}$$

沿横截面边界曲线的边界条件为

$$(v_{1,2} + \overline{u}_{2,1} - x_3\kappa_1)n_2 + (v_{1,3} + \overline{u}_{3,1} + x_2\kappa_1)n_3 = 0 \tag{2.203}$$

式中，n_α 表示边界曲线外法向量 n 沿 x_α 的分量。

v_1 的解可以写为以下形式：

$$v_1 = -x_\alpha u_{\alpha,1} + \Psi(x_2, x_3)\kappa_1 \tag{2.204}$$

以 $\Psi(x_2, x_3)$ 为 Saint-Venant 翘曲函数，满足控制方程式(2.125)和无应力边界

条件，从而

$$\left(\Psi_{,2}-x_3\kappa_1\right)n_2+\left(\Psi_{,3}+x_2\kappa_1\right)n_3=0 \tag{2.205}$$

沿着横截面的边界曲线，式 (2.196) 中对 v_i 的约束意味着应该约束 Ψ，使得 $\left\langle\Psi\left(x_2,x_3\right)\right\rangle=0$，这有助于唯一地求解 Saint-Venant 翘曲函数。

将式 (2.205) 和式 (2.202) 中 v_i 的解代入式 (2.195)，可以将三维位移场表示为

$$u_1=\bar{u}_1\left(x_1\right)-x_\alpha u_{\alpha,1}+\Psi\left(x_2,x_3\right)\kappa_1$$
$$u_2=\bar{u}_2\left(x_1\right)-x_3\Phi_1\left(x_1\right)-x_2v\epsilon_1 \tag{2.206}$$
$$u_3=\bar{u}_3\left(x_1\right)+x_2\Phi_1\left(x_1\right)-x_3v\epsilon_1$$

三维位移场的渐近展开将跨越 $\bar{u}_i$ 和 Φ_1，因为根据变分渐近方法不会出现新的自由度。然而，仍然不确定是否已经包含了经典梁模型所需的所有阶数。为此，我们再摄动一次位移场，以便

$$u_1=\bar{u}_1\left(x_1\right)-x_\alpha\bar{u}'_\alpha+\Psi\left(x_2,x_3\right)\kappa_1+w_1\left(x_1,x_2,x_3\right)$$
$$u_2=\bar{u}_2\left(x_1\right)-x_3\Phi_1\left(x_1\right)-x_2v\varepsilon_1+w_2\left(x_1,x_2,x_3\right) \tag{2.207}$$
$$u_3=\bar{u}_3\left(x_1\right)+x_2\Phi_1\left(x_1\right)-x_3v\varepsilon_1+w_3\left(x_1,x_2,x_3\right)$$

在 v_i 的约束传递给 w_i 后，用同样的推理得到式 (2.196)，有

$$\left\langle w_i\right\rangle=0,\quad\left\langle w_{3,2}-w_{2,3}\right\rangle=0 \tag{2.208}$$

式 (2.207) 中位移场对应的三维应变场为

$$\Gamma_{11}=\epsilon_1+x_3\kappa_2-x_2\kappa_3+\Psi\left(x_2,x_3\right)\kappa'_1+w_{1,1}$$
$$2\Gamma_{12}=\left(\Psi_{,2}-x_3\right)\kappa_1+w_{1,2}+w_{2,1}-vx_2\epsilon'_1$$
$$2\Gamma_{13}=\left(\Psi_{,3}+x_2\right)\kappa_1+w_{1,3}+w_{3,1}-vx_3\epsilon'_1$$
$$\Gamma_{22}=-v\epsilon_1+w_{2,2} \tag{2.209}$$
$$2\Gamma_{23}=w_{2,3}+w_{3,2}$$
$$\Gamma_{33}=-v\epsilon_1+w_{3,3}$$

式中，$\kappa_3=\bar{u}_{2,11}$，$\kappa_2=-\bar{u}_{3,11}$。

从式 (2.209) 中可以估计出 $\varepsilon_1\sim h\kappa_i\sim\hat{\epsilon}$。将式 (2.207) 中的位移场和式 (2.209) 中的三维应变场代入式 (2.185) 中原三维结构的总势能，并去掉较小项，得到

$$2\Pi=\left\langle E\left(\epsilon_1+x_3\kappa_2-x_2\kappa_3\right)^2\right\rangle+\left\langle G\left[\left(\Psi_{,2}-x_3\right)\kappa_1+w_{1,2}\right]^2+G\left[\left(\Psi_{,3}+x_2\right)\kappa_1+w_{1,3}\right]^2\right\rangle$$
$$+\left\langle\frac{E}{(1+v)(1-2v)}\left\{\begin{array}{c}v\left(x_3\kappa_2-x_2\kappa_3\right)+w_{2,2}\\v\left(x_3\kappa_2-x_2\kappa_3\right)+w_{3,3}\end{array}\right\}^{\mathrm{T}}\left[\begin{array}{cc}1-v&v\\v&1-v\end{array}\right]\left\{\begin{array}{c}v\left(x_3\kappa_2-x_2\kappa_3\right)+w_{2,2}\\v\left(x_3\kappa_2-x_2\kappa_3\right)+w_{3,3}\end{array}\right\}\right\rangle$$
$$+\left\langle G\left(w_{2,3}+w_{3,2}\right)^2\right\rangle-\int_0^L\left(p_i\bar{u}_i+q_i\Phi_i\right)\mathrm{d}x_1-\left.\left(P_i\bar{u}_i+Q_i\Phi_i\right)\right|_{x_1=0}-\left.\left(P_i\bar{u}_i+Q_i\Phi_i\right)\right|_{x_1=L}$$
$$\tag{2.210}$$

式中，p_i、q_i、P_i、Q_i 定义与式 (2.171) 相同。

式 (2.210) 中的泛函在 $w_1 = 0$ 和以下条件下实现最小化：

$$w_{2,3} + w_{3,2} = 0$$
$$v\left(x_3\kappa_2 - x_2\kappa_3\right) + w_{2,2} = 0, \quad v\left(x_3\kappa_2 - x_2\kappa_3\right) + w_{3,3} = 0 \tag{2.211}$$

可与式 (2.208) 中的约束条件一起求解，得到

$$w_2 = \left(\langle x_2 x_3\rangle - x_2 x_3\right)v\kappa_2 + \left(x_2^2 - x_3^2 - \langle x_2^2\rangle + \langle x_3^2\rangle\right)\frac{v\kappa_3}{2}$$
$$w_3 = \left(x_2 x_3 - \langle x_2 x_3\rangle\right)v\kappa_3 + \left(x_2^2 - x_3^2 - \langle x_2^2\rangle + \langle x_3^2\rangle\right)\frac{v\kappa_2}{2} \tag{2.212}$$

至此，得到对经典梁模型的所有贡献，并且可以很容易证明，就结构总势能而言，任何进一步的摄动都不会给梁模型增加任何主导项。

与经典梁模型对应的完整三维位移场为

$$u_1 = \overline{u}_1(x_1) - x_\alpha \overline{u}_{\alpha,1} + \Psi(x_2, x_3)\kappa_1$$
$$u_2 = \overline{u}_2(x_1) - x_3\Phi_1(x_1) + \underline{\left(\langle x_2 x_3\rangle - x_2 x_3\right)v\kappa_2 + \left(x_2^2 - x_3^2 - \langle x_2^2\rangle + \langle x_3^2\rangle\right)\frac{v\kappa_3}{2}}$$
$$u_3 = \overline{u}_3(x_1) + x_2\Phi_1(x_1) + \underline{\left(x_2 x_3 - \langle x_2 x_3\rangle\right)v\kappa_3 + \left(x_2^2 - x_3^2 - \langle x_2^2\rangle + \langle x_3^2\rangle\right)\frac{v\kappa_2}{2}} \tag{2.213}$$

与式 (2.126) 中基于 Euler-Bernoulli 假设和 Saint-Venant 假设的位移场相比，变分渐近法得到了式 (2.213) 中加下画线的附加项。

将 w_i 的解代入式 (2.209) 中，去掉小于 $\hat{\epsilon}$ 阶的项，与经典梁模型对应的完整三维应变场为

$$\begin{aligned}
\Gamma_{11} &= \varepsilon_1 + x_3\kappa_2 - x_2\kappa_3 \\
2\Gamma_{12} &= \left(\Psi_{,2} - x_3\right)\kappa_1 \\
2\Gamma_{13} &= \left(\Psi_{,3} + x_2\right)\kappa_1 \\
\Gamma_{22} &= -v\left(\varepsilon_1 + x_3\kappa_2 - x_2\kappa_3\right) \\
2\Gamma_{23} &= 0 \\
\Gamma_{33} &= -v\left(\varepsilon_1 + x_3\kappa_2 - x_2\kappa_3\right)
\end{aligned} \tag{2.214}$$

与基于 Euler-Bernoulli 假设和 Saint-Venant 假设得到的应变场相比，Γ_{22} 和 Γ_{33} 是不同的。使用胡克定律得到完整的应力场为

$$\begin{aligned}
\sigma_{11} &= E\left(\varepsilon_1 + x_3\kappa_2 - x_2\kappa_3\right) \\
\sigma_{12} &= G\left(\Psi_{,2} - x_3\right)\kappa_1, \quad \sigma_{13} = G\left(\Psi_{,3} + x_2\right)\kappa_1 \\
\sigma_{22} &= \sigma_{33} = \sigma_{23} = 0
\end{aligned} \tag{2.215}$$

将 w_i 的解代入式 (2.209)，得到经典梁模型的势能，并进行变分得到与式 (2.177) 相同的变分表达式，这意味着与式 (2.140) 相同的一维本构关系，与式 (2.150)、式 (2.151)、式 (2.156)、式 (2.157) 相同的一维控制方程，以及与式 (2.163)

相同的边界条件。

2.5.7　本节小结

本节用三个摄动推导经典梁模型，而在变分渐近法中可以用一个摄动推导相同的模型。为了建立一维经典梁模型，三维位移场必须用四个未知函数 $\overline{u}_i$ 和 Φ_1 表示。引入以下变量变化：

$$u_1 = \underline{\overline{u}_1(x_1) - x_\alpha \overline{u}_{\alpha,1}} + w_1(x_1, x_2, x_3)$$
$$u_2 = \underline{\overline{u}_2(x_1) - x_3 \Phi_1(x_1)} + w_2(x_1, x_2, x_3) \tag{2.216}$$
$$u_3 = \underline{\overline{u}_3(x_1) + x_2 \Phi_1(x_1)} + w_3(x_1, x_2, x_3)$$

如果假设横截面不可变形，式 (2.216) 中的下画线项可以理解为梁轴变形 $\overline{u}_i$ 和 Φ_1 引起的位移。由于截面变形，平面内和平面外的变形均比画线项变形小，因此 w_i 称为广义翘曲函数。尽管 w_i 与式 (2.20) 中使用的 w_i 不同，式 (2.208) 中的约束条件可用于定义 $\overline{u}_i$ 和 Φ_1，即

$$\Phi_1(x_1) = \frac{1}{2}\langle u_{3,2} - u_{2,3}\rangle$$
$$\overline{u}_2(x_1) = \langle u_2(x_1, x_2, x_3)\rangle + \langle x_3\rangle \Phi_1(x_1)$$
$$\overline{u}_3(x_1) = \langle u_3(x_1, x_2, x_3)\rangle - \langle x_2\rangle \Phi_1(x_1) \tag{2.217}$$
$$\overline{u}_1(x_1) = \langle u_1(x_1, x_2, x_3)\rangle - \langle x_\alpha\rangle \overline{u}_\alpha'$$

式 (2.217) 中位移场对应的三维应变场为

$$\Gamma_{11} = \varepsilon_1 + x_3\kappa_2 - x_2\kappa_3 + w_{1,1}$$
$$2\Gamma_{12} = w_{1,2} - x_3\kappa_1$$
$$2\Gamma_{13} = w_{1,3} + x_2\kappa_1$$
$$\Gamma_{22} = w_{2,2} \tag{2.218}$$
$$2\Gamma_{23} = w_{2,3} + w_{3,2}$$
$$\Gamma_{33} = w_{3,3}$$

将式 (2.207) 中的位移场和式 (2.209) 中的三维应变场代入总势能，得到

$$2\Pi = \langle E(\varepsilon_1 + x_3\kappa_2 - x_2\kappa_3)^2\rangle + \langle G(w_{1,2} - x_3\kappa_1)^2 + G(w_{1,3} + x_2\kappa_1)^2\rangle + \langle G(w_{2,3} + w_{3,2})^2\rangle$$
$$+ \left\langle \frac{E}{(1+v)(1-2v)}\begin{Bmatrix} v(\varepsilon_1 + x_3\kappa_2 - x_2\kappa_3) + w_{2,2} \\ v(\varepsilon_1 + x_3\kappa_2 - x_2\kappa_3) + w_{3,3} \end{Bmatrix}^{\mathrm{T}} \begin{bmatrix} 1-v & v \\ v & 1-v \end{bmatrix} \begin{Bmatrix} v(\varepsilon_1 + x_3\kappa_2 - x_2\kappa_3) + w_{2,2} \\ v(\varepsilon_1 + x_3\kappa_2 - x_2\kappa_3) + w_{3,3} \end{Bmatrix} \right\rangle$$
$$- \int_0^L (p_i\overline{u}_i + q_i\Phi_i)\mathrm{d}x_1 - (P_i\overline{u}_i + Q_i\Phi_i)\big|_{x_1=0} - (P_i\overline{u}_i + Q_i\Phi_i)\big|_{x_1=L}$$

$$\tag{2.219}$$

能量泛函最小化的翘曲函数由该能量泛函的欧拉-拉格朗日方程控制，即

$$w_{1,22} + w_{1,33} = 0$$
$$2(1-\nu)w_{2,22} + (1-2\nu)w_{2,33} + w_{3,23} - 2\nu\kappa_3 = 0 \quad (2.220)$$
$$2(1-\nu)w_{3,33} + (1-2\nu)w_{3,22} + w_{2,23} + 2\nu\kappa_2 = 0$$

相关的边界条件为

$$n_3\left(x_2\kappa_1 + w_{1,3}\right) + n_2\left(w_{1,2} - x_3\kappa_1\right) = 0$$

$$n_3\left(w_{2,3} + w_{3,2}\right) + \frac{2n_2}{1-2\nu}\Big[\nu\left(\varepsilon_1 + x_3\kappa_2 - x_2\kappa_3\right) + \nu w_{3,3} + (1-\nu)w_{2,2}\Big] = 0 \quad (2.221)$$

$$n_2\left(w_{2,3} + w_{3,2}\right) + \frac{2n_3}{1-2\nu}\Big[\nu\left(\varepsilon_1 + x_3\kappa_2 - x_2\kappa_3\right) + \nu w_{2,2} + (1-\nu)w_{3,3}\Big] = 0$$

其中，n_α 是相对于 x_α 的外法向方向余弦。

为了保持更简单的推导，不使用拉格朗日乘子施加式 (2.208) 的约束。可以看出，式 (2.221) 只是 Saint-Venant 翘曲 $\Psi\left(x_2, x_3\right)$ 的方程，除了

$$w_1\left(x_1, x_2, x_3\right) = \Psi\left(x_2, x_3\right)\kappa_1\left(x_1\right) \quad (2.222)$$

因此，平面外翘曲 w_1 的第一近似值可以用圣维南扭转问题的求解方法来求解。根据弹性理论，Ψ 可以确定为一个常数，从而满足约束条件 $\langle w_1 \rangle = 0$。w_α 满足其他约束条件，即

$$w_2 = -x_2\nu\varepsilon_1 + \left(\langle x_2 x_3 \rangle - x_2 x_3\right)\nu\kappa_2 + \left(x_2^2 - x_3^2 - \langle x_2^2 \rangle + \langle x_3^2 \rangle\right)\frac{\nu\kappa_3}{2}$$
$$\quad (2.223)$$
$$w_3 = -x_3\nu\varepsilon_1 + \left(x_2 x_3 - \langle x_2 x_3 \rangle\right)\nu\kappa_3 + \left(x_2^2 - x_3^2 - \langle x_2^2 \rangle + \langle x_3^2 \rangle\right)\frac{\nu\kappa_2}{2}$$

将 w_i 的解代入式 (2.218)，得到与式 (2.215) 相同的应力场。将 w_i 的解代入式 (2.219)，得到与式 (2.216) 相同的应变场。利用三维胡克定律，得到与式 (2.217) 相同的位移场。换言之，将原三维弹性力学与经典梁模型联系起来，得到相同解。

总结归纳起来，利用变分渐近法进行梁二维截面分析流程如图 2.22 所示。

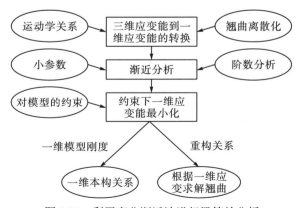

图 2.22　利用变分渐近法进行梁等效分析

主要参考文献

李友云, 龙述尧, 崔俊芝, 2008. 一类随机复合材料等效热传导参数的有限元计算[J]. 湖南大学学报(自然科学版), 35(7):55-58.

刘红生, 程伟, 宋士仓, 2005. 一类随机复合材料稳态热传导问题的均匀化方法[J]. 郑州大学学报(理学版), (3):16-19.

聂荣华, 矫桂琼, 王波, 2009. 二维编织 C/SiC 陶瓷基复合材料的热传导系数预测[J]. 复合材料学报, (3):175-180.

宋士仓, 崔俊芝, 2007. 小周期型复合材料稳态热传导问题的一种双尺度渐近展开收敛性分析[J]. 数学理学报, (4): 108-113.

原梅妮, 杨延清, 李茂华, 等, 2012. 金属基复合材料多尺度计算方法研究进展[J]. 材料导报, 26(17):134-137.

张洪武, 王鲲鹏, 2003. 弹塑性复合材料多尺度计算的模型与算法研究[J]. 复合材料学报, 20(1):60-66.

张锐, 文立华, 杨淋雅, 2014-6. 复合材料热传导系数均匀化计算的实现方法[J]. 复合材料学报, 31(6):1581-1587.

Behrens E, 1968. Thermal conductivities of composite materials[J]. Journal of Composite Materials, 2(1): 2-17.

Berdichevskii V L, 1977. On averaging of periodic systems [J]. Journal of Applied Mathemattcs and Mechanics, 41(6): 1010-1023.

Jean D, 1972. Thermal conductivities based on variational principles [J]. Journal of Composite Materials, 6(2):262-266.

Drugan W J, Willis J R, 1996. A micromechanics-based nonlocal constitutive equation and estimates of representative volume element size for elastic composites [J]. Journal of the Mechanics and Physics of Solids, 44(4):497-524.

Ganapathy D, Singh K, Phelan P, et al, 2005. An effective unit cell approach to compute the thermal conductivity of composites with cylindrical particles [J]. Journal of Heat Transfer, 127(6):553-559.

Hashin Z, 1968. Assessment of the self-consistent scheme approximation: conductivity of particulate composites[J]. Journal of Composite Materials, 2(3): 284-300.

Hashin Z, Shtrikman S, 1962. A variational approach to the theory of the effective magnetic permeability of multiphase materials[J]. Journal of Applied Physics, 33(10): 3125-3131.

Islam M R, Pramila A, 1999. Thermal conductivity of fiber reinforced composites by the FEM[J]. Journal of Composite Materials, 33(18): 1699-1715.

Kumlutas D, Tavman I, 2006. A numerical and experimental study on thermal conductivity of particle filled polymer composites [J]. Journal of Thermoplastic Composite Materials, 19(4): 441-455.

Kunin I, 1982. Theory of Elastic Media with Microstructure [M]. Berlin: Springer Verlag.

Lee Y M, Yang R B, Gau S S, 2006. A generalized self-consistent method for calculation of effective thermal conductivity of composites with interfacial contact conductance[J]. International Communications in Heat and Mass Transfer, 33(2):142-150.

Progelhof R, Throne J, Ruetsch R, 1976. Methods for predicting the thermal conductivity of composite systems: a review[J]. Polymer Engineering and Science, 16(9): 615-625.

Ramani K, Vaidyanathan A, 1995. Vaidyanathan. Finite element analysis of effective thermal conductivity of filled polymeric composites[J]. Journal of Composite Materials, 29(13):1725-1740.

Sab K, 1992. On the homogenization and the simulation of random materials[J]. European Journal of Mechanics-A-Solids, 11(5):585-607.

Springer G, Tsai S, 1967. Thermal conductivities of unidirectional materials [J]. Journal of Composite Materials, 1(2): 166-173.

Xu Y, Yagi K, 2004. Calculation of the thermal conductivity of randomly dispersed composites using a finite element modeling method[J]. Materials Transactions, 45(8): 2602-2605.

第3章 FRP层合梁三维局部场的精确重构

纤维增强聚合物(fiber reinforced polymer，FRP)以其轻质高强、耐腐蚀等优点在工程结构中得到了广泛的应用。除了在加固中广泛应用的 FRP 片材和钢筋外，FRP 层合梁作为一种新型结构材料也可应用于新建结构，引起了工程界的广泛关注。但由于其非均质性、各向异性和复杂的微观结构，还存在许多力学问题亟待解决。此外，FRP 层合梁的层间性能远低于层内性能，其破坏与非层合结构完全不同，直接与局部场分布有关。因此，准确、高效的局部场分析对 FRP 层合梁的应用至关重要。

梁是许多结构中最基本、最重要的构件之一。在有限元分析中，梁单元也是用来构建更复杂结构的最基本单元之一。Sankar 和 Marrey(1993)建立了单胞的有限元模型，得到了纺织复合材料梁的抗弯刚度特性。Yin 和 Xiang(2006)建立了包括横向剪切自由度和翘曲自由度在内的梁有限元模型，用于分析具有弹性耦合的直升机复合材料叶片的气动弹性。范玉清和张丽华(2009)从研究超大型部、构件在飞机上的应用入手，重点介绍了部件在飞机主要结构上的应用，并且说明了机身部件应用的特殊性以及空客公司对是否使用该新型材料所持的争议。

FRP 材料具有非均质性、各向异性等复杂特性。传统均匀梁理论无法准确预测 FRP 层合梁的力学性能。为了克服这一缺陷，各国学者发展了许多简化模型来分析 FRP 层合梁。最简单的梁模型是经典梁理论(classical beam theory，CBT)，假设横截面在其自身平面上无限刚性，并且保持与梁变形轴垂直，但对薄壁开口截面梁失效。为了弥补该缺陷，各国学者至少发展了三种改进理论：①Timoshenko模型，适用于具有两个横向剪应变的梁模型；②Vlasov 理论，适用于薄壁开口截面梁；③一般改进理论，根据特定的标准选择新的自由度。

综上所述，现有梁模型在预测梁刚度矩阵方面存在以下固有缺陷：①大多数模型都是基于一些可能影响结果精度的假设；②模型通常适用于某些特定的问题，不具有普适性；③很少梁模型能准确地预测局部应力场和应变场，这对失效分析非常重要。因此，本章的目标是利用多尺度变分渐近法建立精确、有效的 FRP 层合梁局部场重构模型。

变分法是求解边值问题的有力工具之一，在有限元法中占有重要地位。变分渐近法是一种基于变分法的数值求解方法，它综合了变分法(精确性和系统性)和渐近法(渐近收敛到精确解)的优点，以积分的形式表示，特别适合于有限元实现，无需担心积分变量的不连续性。它非常适合于求解多物理耦合问题和非线性问题，在精度和效率之间取得了很好的平衡。Zhong 等(2011，2012)已经成功将变分渐近法应用于复合材料层合壳的建模。

Ren 和 Du(2010)利用变分渐近法建立了薄壁单室组合梁的几何非线性模型，但缺乏对局部场重构的研究。本章在 Hodges(1990)和 Yu(2007)研究的基础上，利用梁固有小参数对三维模型进行降维，分别得到了经典模型(零阶近似)和渐近修正的精细模型(一阶近似)。二维局部截面分析得到用于一维梁全局分析的本构关系，并利用一维梁全局分析得到的结果重构三维位移场、应变场和应力场，得到的一维梁理论是具有两个横向剪切量的广义 Timeoshenko 模型(本章称为 GTM)。

3.1   FRP 层合梁的变分渐近模型

对于梁状结构[图 3.1(a)]，最终的降维模型中只保留描述梁参考线的 x_1，而横截面坐标 x_2 和 x_3 将消失[图 3.1(b)]。因此，梁模型称为一维连续介质模型，所有未知量都是 x_1 的函数。

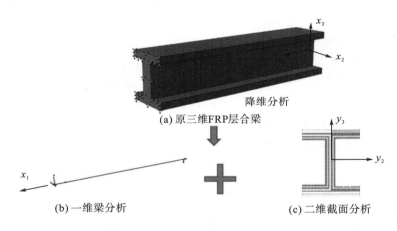

(a) 原三维FRP层合梁

降维分析

(b) 一维梁分析

(c) 二维截面分析

图 3.1   三维 FRP 层合梁的降维分析

由于截面尺寸远小于梁的整体尺寸[图 3.1(c)]，引入局部坐标 $y_\alpha = x_\alpha / \eta(\alpha = 2,3)$ 描述截面，其中 η 是小参数。这样可以将横截面视图放大到与全局结构相似的大小。在多尺度建模中，原结构的场函数通常可以写成宏坐标 x_1 和局部坐标 y_α 的函数，三维变形 $U_i(x_1, y_\alpha)$ 的偏导数可以表示为

$$\frac{\partial U_i(x_1, y_\alpha)}{\partial x_1} = \frac{\partial U_i(x_1, y_\alpha)}{\partial x_1}\bigg|_{y_\alpha = \text{const}} + \frac{1}{\eta}\frac{\partial U_i(x_1, y_\alpha)}{\partial y_\alpha}\bigg|_{x_1 = \text{const}} \equiv U_{i,1} + \frac{1}{\eta}U_{i;\alpha} \quad (3.1)$$

如图 3.2 所示，未变形 FRP 层合梁中任意点的空间位置可以表示为

$$\hat{r}(x_1, y_2, y_3) = r(x_1) + \eta y_2 \boldsymbol{b}_2(x_1) + \eta y_3 \boldsymbol{b}_3(x_1) \tag{3.2}$$

式中，$r(x_1)$ 是相对于参考点的位置矢量，未变形状态下直梁的轴线为一条直线，$\boldsymbol{r}_1 = \boldsymbol{b}_{,1}$，$(\ )_{,1}$ 表示对 x_1 的导数。

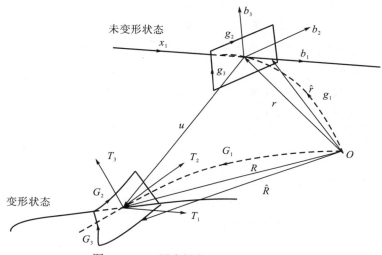

图 3.2　FRP 层合梁变形前、后示意图

未变形状态下的位置矢量 $\hat{r}$ 在变形后变成新的位置矢量 $\hat{R}$。为了更方便地使用变分渐近法，引入与变形参考轴相切的 T_1，通过旋转 T_1 得到 T_α。T_i 和 $\boldsymbol{b}_i$ 之间的关系可以通过全局旋转张量得到，即 $\mathbf{C}^{Tb} = T_i \boldsymbol{b}_i$。$\mathbf{C}^{bT}$ 是 $\mathbf{C}^{Tb}$ 的逆张量，可以将 T_i 转换到 $\boldsymbol{b}_i$。$\mathbf{C}^{Tb} \cdot \mathbf{C}^{bT} = \boldsymbol{I}$，$\boldsymbol{I}$ 表示特征张量。

变形结构中的位置矢量 $\hat{R}$ 可以表示为

$$\hat{R}(x_1, y_2, y_3) = R(x_1) + \eta y_2 T_2 + \eta y_3 T_3 + \eta w_i(x_1, y_2, y_3) T_i(x_1) \tag{3.3}$$

式中，$R = r + u$ 表示变形参考线上点的位置矢量，$u = u_i \boldsymbol{b}_i$ 表示梁轴上任何点的位移；w_i 表示平面内和平面外翘曲函数。为了将未知的三维翘曲函数引入三维公式中，必须考虑所有的变形。

翘曲函数的引入增加了四个冗余。为了消除冗余，必须引入四个约束，即

$$\langle w_i \rangle = 0, \quad \langle w_{3;2} - w_{2;3} \rangle = 0 \tag{3.4}$$

式中，$\langle\ \rangle$ 表示参考横截面上的面积积分。

式 (3.3) 中的翘曲函数不影响横截面的刚体位移，使拉伸或弯曲产生的一维位移变量具有明确的物理意义，这些位移变量与横截面的基向量 $\boldsymbol{b}_i$ 有关。式 (3.3) 表示扭转变量是截面相对于 T_1 的平均旋转。

多尺度变分渐近分析框架基于旋转张量分解概念，如果局部旋转很小，

JaumannBiot-Cauchy 应变分量（简称 Biot 应变张量）可以表示为

$$\varGamma_{ij} = \frac{\chi_{ij} + \chi_{ji}}{2} - \delta_{ij} \tag{3.5}$$

其中，δ_{ij} 表示 Kronecker 符号；χ_{ij} 是变形梯度张量的混合基分量，可以表示为

$$\chi_{ij} = \boldsymbol{T}_i \cdot \boldsymbol{G}_k \boldsymbol{g}^k \cdot \boldsymbol{b}_j$$
$$\boldsymbol{G}_i = \hat{\boldsymbol{R}}_{,i}, \quad \boldsymbol{g}_i = \hat{\boldsymbol{r}}_i, \quad \boldsymbol{g}^i \cdot \boldsymbol{g}_i = \delta_{ij} \tag{3.6}$$

其中，$\boldsymbol{g}_i$ 是未变形状态的协变基向量；$\boldsymbol{G}_i$ 是变形状态的协变基向量；$\boldsymbol{g}^i$ 是未变形状态的逆变基向量。

由于小应变假设适用于几何非线性框架，可以忽略翘曲和一维广义应变的乘积。三维应变场可以表示为

$$\varGamma_{11} = \gamma_{11} + \eta y_3 \kappa_2 - \eta y_2 \kappa_3 + \underline{\eta w_{1,1}}$$
$$2\varGamma_{12} = w_{1;2} - \eta y_3 \kappa_1 + \underline{\eta w_{2,1}}$$
$$2\varGamma_{13} = w_{1;3} + \eta y_2 \kappa_1 + \underline{\eta w_{3,1}}$$
$$\varGamma_{22} = w_{2;2} \tag{3.7}$$
$$2\varGamma_{23} = w_{3;2} + w_{2;3}$$
$$\varGamma_{33} = w_{3;3}$$

其中，γ_{11} 表示拉伸应变；κ_1 表示扭曲率；κ_2 和 κ_3 分别表示沿 y_2 和 y_3 的弯曲曲率；$(\ )_{,\alpha}$ 表示对 y_α 的偏导数，如 $w_{1;2} = \partial w_1 / \partial y_2$；非下画线项的阶数为 $O(\hat{\varepsilon})$，下画线项的阶数为 $O(a\hat{\varepsilon}/l)$，$\hat{\varepsilon}$ 表示最大应变的大小，a、l 分别为截面特征尺寸和变形波长。

FRP 层合梁单位长度的应变能可表示成

$$U = \frac{1}{2} \left\langle \varGamma^{\mathrm{T}} \mathrm{D} \varGamma \right\rangle \tag{3.8}$$

式中，$\varGamma = \begin{bmatrix} \varGamma_{11} & 2\varGamma_{12} & 2\varGamma_{13} & \varGamma_{22} & 2\varGamma_{23} & \varGamma_{33} \end{bmatrix}^{\mathrm{T}}$ 是三维应变分量；D 是 6×6 对称材料矩阵。

去掉翘曲变形和一维广义应变的乘积，可以将 FRP 层合梁的三维应变场表示为

$$\varGamma = \varGamma_a w + \varGamma_\varepsilon \varepsilon + \eta \varGamma_l w_{,1} \tag{3.9}$$

其中，$\varepsilon = \begin{bmatrix} \gamma_{11} & \kappa_1 & \kappa_2 & \kappa_3 \end{bmatrix}^{\mathrm{T}}$ 为经典理论的一维广义应变量；$w = \begin{bmatrix} w_1 & w_2 & w_3 \end{bmatrix}^{\mathrm{T}}$，算子矩阵定义为

$$\varGamma_a = \begin{bmatrix} 0 & 0 & 0 \\ ()_{;2} & 0 & 0 \\ ()_{;3} & 0 & 0 \\ 0 & ()_{;2} & 0 \\ 0 & ()_{;3} & ()_{;2} \\ 0 & 0 & ()_{;3} \end{bmatrix}, \quad \varGamma_\varepsilon = \begin{bmatrix} 1 & 0 & \eta y_3 & -\eta y_2 \\ 0 & -\eta y_3 & 0 & 0 \\ 0 & \eta y_2 & 0 & 0 \\ 0 & 0 & 0 & 0 \\ 0 & 0 & 0 & 0 \\ 0 & 0 & 0 & 0 \end{bmatrix}, \quad \varGamma_l = \begin{bmatrix} I \\ 0 \end{bmatrix} \tag{3.10}$$

式中，0 是 3×3 零矩阵；I 是 3×3 单位矩阵。

至此，将原 FRP 层合梁三维弹性问题转化为式(3.4)约束下使式(3.8)最小化问题，以得到未知翘曲函数的解。

3.2　有限元实现

3.2.1　各向异性梁的经典模型

为了处理任意截面几何形状和各向异性材料，可以采用数值方法(如有限元法)求解未知函数。翘曲场可以离散为

$$w(x_1, y_2, y_3) = S(y_2, y_3) N(x_1) \tag{3.11}$$

其中，$S(y_2, y_3)$ 表示形函数矩阵；N 表示横截面上翘曲位移节点值列阵。

将式(3.11)代入式(3.9)和式(3.8)，得到

$$2U = N^\mathrm{T} D_{aa} N + 2N^\mathrm{T}\left(D_{a\varepsilon}\overline{\varepsilon} + D_{al} N_{,1}\right) + \overline{\varepsilon}^\mathrm{T} D_{\varepsilon\varepsilon}\overline{\varepsilon} + N_{,1}^\mathrm{T} D_{ll} N_{,1} + 2N_{,1}^\mathrm{T} D_{l\varepsilon}\overline{\varepsilon} \tag{3.12}$$

其中，新引入的矩阵包含有关材料特性和横截面几何形状的信息，可以定义为

$$D_{aa} = \left\langle [\varGamma_a S]^\mathrm{T} D[\varGamma_a S]\right\rangle, \ \ D_{a\varepsilon} = \left\langle [\varGamma_a S]^\mathrm{T} D[\varGamma_\varepsilon]\right\rangle$$

$$D_{al} = \left\langle [\varGamma_a S]^\mathrm{T} D[\eta\varGamma_l S]\right\rangle, \ \ D_{\varepsilon\varepsilon} = \left\langle [\varGamma_\varepsilon]^\mathrm{T} D[\varGamma_\varepsilon]\right\rangle \tag{3.13}$$

$$D_{ll} = \left\langle [\eta\varGamma_l S]^\mathrm{T} D[\eta\varGamma_l S]\right\rangle, \ \ D_{l\varepsilon} = \left\langle [\eta\varGamma_l S]^\mathrm{T} D[\varGamma_\varepsilon]\right\rangle$$

式(3.4)中的约束可以重写为

$$\left\langle w^\mathrm{T}\psi\right\rangle = 0, \ \ \psi = \begin{bmatrix} 1 & 0 & 0 & 0 \\ 0 & 1 & 0 & -0_{;3} \\ 0 & 0 & 1 & 0_{;2} \end{bmatrix} \tag{3.14}$$

也可以用形函数表示式(3.14)中的 ψ，即

$$\psi = S\Psi \tag{3.15}$$

将式(3.11)和式(3.15)代入式(3.14)，可以将约束离散为

$$N^\mathrm{T}\left\langle S^\mathrm{T} S\right\rangle\Psi = 0 \tag{3.16}$$

要使用变分渐近法，必须根据不同的阶找到函数的主导项。对于应变能的零阶近似，主导项为

$$2U_0 = N^\mathrm{T} D_{aa} N + 2N^\mathrm{T} D_{a\varepsilon}\overline{\varepsilon} + \overline{\varepsilon}^\mathrm{T} D_\varepsilon\overline{\varepsilon} \tag{3.17}$$

至此，问题转化为式(3.14)约束下式(3.17)的最小化，可以借助拉格朗日乘子 λ 来实现。该问题的欧拉-拉格朗日方程为

$$D_{aa} N + D_{a\varepsilon}\overline{\varepsilon} = H\Psi\lambda \tag{3.18}$$

将式 (3.18) 两边乘以 Ψ^{T}，并考虑 $D_{aa}\Psi = \Psi^{\mathrm{T}}D_{aa} = 0$，得到拉格朗日乘子为

$$\lambda = \left(\Psi^{\mathrm{T}}H\Psi\right)^{-1}\Psi^{T}D_{a\varepsilon}\overline{\varepsilon} \tag{3.19}$$

将式 (3.19) 代入式 (3.18)，得到

$$D_{aa}N = \left(H\Psi\left(\Psi^{\mathrm{T}}H\Psi\right)^{-1}\Psi^{\mathrm{T}} - \Delta\right)D_{a\varepsilon}\overline{\varepsilon} \tag{3.20}$$

由于式 (3.20) 的右侧与零空间正交，存在一个与 D_{aa} 的零空间线性无关的唯一解 N。翘曲函数的完整解可以用符号表示为

$$N = N^* + \Psi\Lambda \tag{3.21}$$

式中，Λ 可由式 (3.20) 确定为

$$\Lambda = -\left(\Psi^{\mathrm{T}}H\Psi\right)\Psi^{\mathrm{T}}HN^* \tag{3.22}$$

式 (3.16) 约束下，式 (3.17) 的最终最小化解为

$$N = \left[\Delta - \Psi\left(\Psi^{\mathrm{T}}H\Psi\right)^{-1}H\right]N^* = N_0 = \widehat{N}_0\varepsilon \tag{3.23}$$

引入 n 表示材料模量的阶数，并将式 (3.23) 代入式 (3.17)，可以得到修正到 $O\left(n\hat{\varepsilon}^2\right)$ 的能量，即

$$2U_0 = \varepsilon^{\mathrm{T}}\left(\widehat{N}_0^{\mathrm{T}}D_{a\varepsilon} + D_{\varepsilon\varepsilon}\right)\varepsilon = \varepsilon^{\mathrm{T}}D^*\varepsilon \tag{3.24}$$

具体形式为

$$2U = \begin{Bmatrix} \gamma_{11} \\ \kappa_1 \\ \kappa_2 \\ \kappa_3 \end{Bmatrix}^{\mathrm{T}} \begin{bmatrix} C_{11} & C_{12} & C_{13} & C_{14} \\ C_{12} & C_{22} & C_{23} & C_{24} \\ C_{13} & C_{23} & C_{33} & C_{34} \\ C_{14} & C_{24} & C_{34} & C_{44} \end{bmatrix} \begin{Bmatrix} \gamma_{11} \\ \kappa_1 \\ \kappa_2 \\ \kappa_3 \end{Bmatrix} \tag{3.25}$$

式中，$C_{ij}(i,j=1,2,3,4)$ 取决于横截面的几何形状和材料属性。

3.2.2　渐近修正精细化模型

为了得到更高阶的渐近精细化模型，需要将未知的翘曲场作为参数 a 中的一个级数进行摄动，即

$$N = N_0 + aN_1 + a^2N_2 + O\left(a^3\right) \tag{3.26}$$

将式 (3.26) 代入式 (3.12)，可以证明不需要计算 a^2N_2 和更高阶量，就可以得到渐近修正到 $O\left(a^2\hat{\varepsilon}^2\right)$ 的能量表达式，即

$$\begin{aligned} 2U_1 = {} & \varepsilon^{\mathrm{T}}\left(\widehat{N}_0^{\mathrm{T}}D_{a\varepsilon} + D_{\varepsilon\varepsilon}\right)\varepsilon + 2\left(N_0^{\mathrm{T}}D_{al}N_{0,1} + N_{0,1}^{\mathrm{T}}D_{l\varepsilon}\varepsilon\right) \\ & + N_1^{\mathrm{T}}D_{aa}N_1 + 2N_1^{\mathrm{T}}D_{al}N_{0,1} + 2N_0^{\mathrm{T}}D_{al}N_{1,1} + 2N_{1,1}^{\mathrm{T}}D_{l\varepsilon}\varepsilon + N_{0,1}^{T}D_{ll}D_{0,1} \end{aligned} \tag{3.27}$$

通过分部积分，去掉翘曲的导数及忽略边界项，得到二阶主导项(不含常数项)，即

$$2U_2 = N_1^T D_{aa} N_1 + 2N_1^T D_s \varepsilon_{,1} \tag{3.28}$$

式中

$$D_S = D_{al} \widehat{N}_0 - D_{al}^T \widehat{N}_0 - D_{l\varepsilon} \tag{3.29}$$

可以解出翘曲的一阶近似为

$$N_1 = N_{1S} \varepsilon_{,1} \tag{3.30}$$

使用式(3.30)，可从式(3.27)得到二阶渐近修正能量为

$$U = \frac{1}{2} \left(\varepsilon^T A \varepsilon + 2\varepsilon^T B \varepsilon_{,1} + \varepsilon_{,1}^T C \varepsilon_{,1} + 2\varepsilon^T D \varepsilon_{,11} \right) \tag{3.31}$$

式中

$$\begin{aligned} A &= \widehat{N}_0^T D_{a\varepsilon} + D_{\varepsilon\varepsilon} \\ B &= \widehat{N}_0^T D_{al} \widehat{N}_0 + D_{l\varepsilon}^T \widehat{N}_0 \\ C &= \widehat{N}_0^T D_{al}^T N_{1S} + N_{1S}^T D_{al}^T \widehat{N}_0 + N_{1S}^T D_{l\varepsilon} + \widehat{N}_0^T D_{ll} \widehat{N}_0 \\ D &= \left(D_{l\varepsilon}^T + \widehat{N}_0^T D_{al} \right) N_{1S} \end{aligned} \tag{3.32}$$

3.2.3 转化为广义 Timoshenko 模型

尽管式(3.31)中表示的应变能是渐近修正的，但由于存在 $\varepsilon_{,1}$ 和 $\varepsilon_{,11}$，这需要比实际情况更复杂的边界条件。一种简化方法是利用平衡方程消去导数项，代之以新变量。将修改后的模型称为 GTM(广义 Timoshenko 模型)，模型中仍然包含所有可能的变形。

在构建模型中的两组应变和 GTM 之间的恒等式为

$$\bar{\varepsilon} = \varepsilon + Q\gamma_{s,1} \tag{3.33}$$

式中

$$Q = \begin{bmatrix} 0 & 0 & 0 & 1 \\ 0 & 0 & -1 & 0 \end{bmatrix}^T, \qquad \gamma_s = \begin{bmatrix} 2\gamma_{12} \\ 2\gamma_{13} \end{bmatrix} \tag{3.34}$$

利用式(3.33)，可以用 GTM 应变量表示渐近修正应变能为

$$U = \frac{1}{2} \left(\varepsilon^T A \varepsilon + 2\varepsilon^T AQ\gamma_{s,1} + 2\varepsilon^T B \varepsilon_{,1} + \varepsilon_{,1}^T C \varepsilon_{,1} + 2\varepsilon^T D \varepsilon_{,11} \right) \tag{3.35}$$

GTM 的应变能为

$$U = \frac{1}{2} \left(\varepsilon^T X \varepsilon + 2\varepsilon^T Y \gamma_{s,1} + \gamma_s^T G \gamma_s \right) \tag{3.36}$$

为了使式(3.35)与式(3.36)中的 GTM 形式相符，必须利用本构方程中的应变

量表示应变量的导数。由于式(3.35)中的应变能包含广义应变量的二次形式，得到
一维物理线性模型。即在一维广义应变中，横截面上的合力是线性的，可表示为

$$\left\{\begin{array}{c} F_1 \\ M_1 \\ M_2 \\ M_3 \\ F_2 \\ F_3 \end{array}\right\} = \left[\begin{array}{cc} X & Y \\ Y^{\mathrm{T}} & G \end{array}\right]\left\{\begin{array}{c} \varepsilon \\ \gamma_s \end{array}\right\} \tag{3.37}$$

式中，F_i 和 M_i 是变形梁横截面框架中表示的梁合力和合力矩；X、Y 和 G 是未知
矩阵，X 为 4×4 矩阵，Y 为 4×2 矩阵，G 为 2×2 矩阵。

当施加载荷和分布载荷均为零时，一维非线性平衡方程可以写为

$$\left\{\begin{array}{c} F_{2,1} \\ F_{3,1} \end{array}\right\} = 0 \ , \quad \left\{\begin{array}{c} F_{1,1} \\ M_{1,1} \\ M_{2,1} \\ M_{3,1} \end{array}\right\} + Q\left\{\begin{array}{c} F_2 \\ F_3 \end{array}\right\} = 0 \tag{3.38}$$

可以用式(3.38)中的 ε 和 γ_s 表示 ε_1 和 $\gamma_{s,1}$，得到

$$\varepsilon_1 = A_2^{-1}\left(A_3\gamma_s + A_4\varepsilon\right) \tag{3.39}$$

$$\gamma_{s,1} = -G^{-1}\left[\left(Y^{\mathrm{T}}A_2^{-1}A_3\right)\gamma_s + \left(Y^{\mathrm{T}}A_2^{-1}A_4\right)\varepsilon\right] \tag{3.40}$$

式中

$$A_3 = QG, \quad A_4 = A_3 G^{-1}Y^{\mathrm{T}}, \quad A_2 = X - YG^{-1}Y^{\mathrm{T}} \tag{3.41}$$

将式(3.39)、式(3.40)代入式(3.37)，得到 GTM 的能量表达式。下一步是将
其在形式上与式(3.35)等效，经过检验，可以得到以下矩阵方程：

$$X = A - 2AQG^{-1}\left(YA_2^{-1}A_4\right) + 2BA_2^{-1}A_4 + A_4^{\mathrm{T}}A_2^{-1}CA_2^{-1}A_4$$

$$Y = -AQG^{-1}\left(YA_2^{-1}A_3\right) + BA_2^{-1}A_3 + A_4^{\mathrm{T}}A_2^{-1}CA_2^{-1}A_3 + AP$$

$$G = A_3^{\mathrm{T}}A_2^{-1}CA_2^{-1}A_3 \tag{3.42}$$

最后求解未知矩阵 X、Y、G。可以通过去掉高阶项简化这些方程，仍然可以
得到渐近修正模型，即

$$A = X - YG^{-1}Y = A_2 \tag{3.43}$$

$$P = QG^{-1}\left(Y^{\mathrm{T}}A_2^{-1}A_3\right) - A^{-1}BA_2^{-1}A_3 \tag{3.44}$$

$$G = A_3^{\mathrm{T}}A_2^{-1}CA_2^{-1}A_3 \tag{3.45}$$

矩阵 X、Y 和 G 重新排列后得到 6×6 横截面刚度矩阵，即

$$2U = \begin{Bmatrix} \gamma_{11} \\ 2\gamma_{12} \\ 2\gamma_{13} \\ \kappa_1 \\ \kappa_2 \\ \kappa_3 \end{Bmatrix}^{\mathrm{T}} \begin{bmatrix} d_{11} & d_{12} & d_{13} & d_{14} & d_{15} & d_{16} \\ d_{21} & d_{22} & d_{23} & d_{24} & d_{25} & d_{26} \\ d_{31} & d_{32} & d_{33} & d_{34} & d_{35} & d_{36} \\ d_{41} & d_{42} & d_{43} & d_{44} & d_{45} & d_{46} \\ d_{51} & d_{52} & d_{53} & d_{54} & d_{55} & d_{56} \\ d_{61} & d_{62} & d_{63} & d_{64} & d_{65} & d_{66} \end{bmatrix} \begin{Bmatrix} \gamma_{11} \\ 2\gamma_{12} \\ 2\gamma_{13} \\ \kappa_1 \\ \kappa_2 \\ \kappa_3 \end{Bmatrix} \tag{3.46}$$

式中，下标 1 表示拉伸，2、3 表示剪切，4 表示扭转，5、6 表示弯曲；对角线元素 $d_{ii}(i=1,2,3,4,5,6)$ 分别表示拉伸刚度系数、两个方向的剪切刚度系数、扭转刚度系数和两个方向的弯曲刚度系数；非对角单元 $d_{ij}(i,j=1,2,3,4,5,6,i \neq j)$ 表示相应的耦合刚度系数。例如，d_{14} 表示拉扭耦合刚度系数，d_{45} 表示弯扭耦合刚度系数。

至此建立了与传统梁理论的连接，一维梁分析基本上保持不变。在一维梁方程中未明确表示的附加三维信息近似保留在翘曲函数表达式中，可用于精确重构局部应力场、应变场和位移场。

3.2.4   重构关系

降维模型(如构建的 GTM)的准确性应根据它对局部场的预测精度来衡量，因此应提供重构关系来完善模型，即用截面合力、外加载荷的一维运动方程表示局部三维位移场、应变场和应力场。

GTM 的渐近修正翘曲可以表示为

$$w = N_0\overline{\varepsilon} + N_{1S}\overline{\varepsilon}_{,1} \tag{3.47}$$

其中，N_0 和 N_{1S} 分别是 GTM 的渐近修正翘曲函数和横向剪切变形修正的节点值。

根据一阶扭曲和其他信息重构局部三维场，不需要引入附加计算成本。重构的 GTM 三维位移场可以表示为

$$U_i(x_1,y_2,y_3) = u_i(x_1) + \eta y_\alpha C_{\alpha i}^{Tb} + \eta C_{ij}^{Tb} w_j(x_1,y_2,y_3) \tag{3.48}$$

其中，U_i 是 FRP 层合梁的三维位移；u_i 是一维位移。

三维应变场可以重构为

$$\Gamma = (\Gamma_a N_0 + \Gamma_\varepsilon)\overline{\varepsilon} + (\Gamma_a N_{1S} + \Gamma_l N_0)\overline{\varepsilon}_{,1} + \Gamma_l N_{1S}\overline{\varepsilon}_{,11} \tag{3.49}$$

用一维平衡方程得到应力合力及其导数表示的重构关系，得到

$$\overline{\varepsilon} = D^{-1}F \tag{3.50}$$

式中，$\overline{\varepsilon} = \begin{bmatrix} \gamma_{11} & 2\gamma_{12} & 2\gamma_{13} & \kappa_1 & \kappa_2 & \kappa_3 \end{bmatrix}^{\mathrm{T}}$ 为 GTM 分析得到的广义一维应变量；$F = \begin{bmatrix} F_1 & F_2 & F_3 & M_1 & M_2 & M_3 \end{bmatrix}^{\mathrm{T}}$ 为横截面合力和合力矩构成的列阵。

为了求解合力的导数，一维非线性平衡方程可表示为

$$F_{,1} = -\begin{bmatrix} \tilde{\kappa} & 0_{3\times3} \\ \tilde{e}_1 + \tilde{\gamma} & \tilde{\kappa} \end{bmatrix} F - f \qquad (3.51)$$

式中，$f = \begin{bmatrix} f_1 & f_2 & f_3 & m_1 & m_2 & m_3 \end{bmatrix}^T$ 为已知分布的一维作用力和力矩；$e_1 = \begin{bmatrix} 1 & 0 & 0 \end{bmatrix}^T$，$\gamma = \begin{bmatrix} \gamma_{11} & \gamma_{12} & \gamma_{13} \end{bmatrix}^T$，运算符 $(\tilde{\bullet})$ 定义为 $(\tilde{\bullet}) = -e_{ijk}(\bullet)_k$，其中 e_{ijk} 是置换张量的分量。

对式(3.51)两边求导，得到高阶导数的关系式为

$$F_{,11} = -R_{,1}F - RF_{,1} - f_{,1} = \left(R^2 - R_{,1}\right)F + Rf - f_{,1}$$

$$F_{,111} = \left(-R^3 + RR_{,1} + 2R_{,1}R - R_{,11}\right)F + \left(-f^2 + 2f_{,1}\right)f + Rf_{,1} - f_{,11} \qquad (3.52)$$

求解 $F_{,1}$、$F_{,11}$ 和 $F_{,111}$ 后，就可以从式(3.51)得到 $\varepsilon_{,1}$、$\varepsilon_{,11}$ 和 $\varepsilon_{,111}$。$O\left(a^2 / l^2\right)$ 阶的所有项都保留在重构关系中，可以很容易计算出修正后的重构值。

总结归纳起来，基于变分渐近法的 FRP 层合梁分析流程如图 3.3 所示。

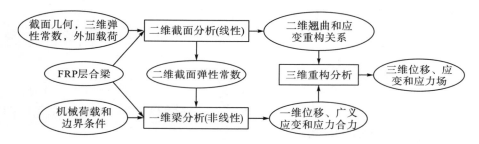

图 3.3　基于变分渐近法的 FRP 层合梁三维局部场精确重构分析流程

3.3　数　值　算　例

本节以工程中常用的两种 FRP 层合梁为例进行数值分析。一种是 FRP 层合工字梁(开口截面)，另一种是薄壁 FRP 层合箱梁(闭合截面)。为了验证模型的准确性和有效性，对这两个 FRP 层合梁施加复杂的弯扭载荷条件(图 3.4)，并分别用 ABAQUS 和构建模型重构原 FRP 梁内的局部位移/应力/应变分布。

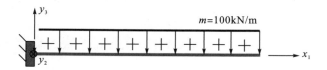

图 3.4　均匀力和弯矩作用下的 FRP 层合梁

3.3.1　FRP 层合工字梁

　　算例 1 验证构建模型对一般各向异性材料悬臂工字梁结构分析的能力。材料属性如表 3.1 所示。长度为 21500mm，横截面尺寸为 500mm×650mm。FRP 层合工字梁如图 3.5 所示，其中上下翼缘和腹板被分为 8 层，分别具有三种铺层角度（θ/0°/90°）。

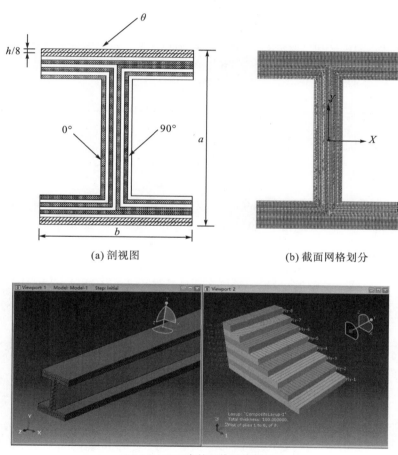

(a) 剖视图　　　　　　　　　　　(b) 截面网格划分

(c) ABAQUS 中的三维网格划分

图 3.5　FRP 层合工字梁的截面及网格划分

表 3.1 FRP 层合工字梁的几何参数和材料性能

项目	属性	数值
几何参数	宽度 a/mm	500
	高度 b/mm	650
	翼板厚度 t_f/mm	100
	腹板厚度 t_w/mm	100
	铺层倾角	θ/0°/90°
材料属性	纵向弹性模量 E_1/GPa	114
	横向弹性模量 E_2、E_3/GPa	7.75
	剪切模量 G_{12}、G_{13}/GPa	3.76
	剪切模量 G_{23}/GPa	2.75
	纵向泊松比	0.337
	横向泊松比	0.337
	密度/(kg/m³)	1496

表 3.2 是 FRP 层合工字梁的质量矩阵，即

$$M = \begin{bmatrix} \mu & 0 & 0 & 0 & \mu y_{m3} & -\mu y_{m2} \\ 0 & \mu & 0 & -\mu y_{m3} & 0 & 0 \\ 0 & 0 & \mu & \mu y_{m2} & 0 & 0 \\ 0 & -\mu y_{m3} & \mu y_{m2} & i_{22}+i_{33} & 0 & 0 \\ \mu y_{m3} & 0 & 0 & 0 & i_{22} & i_{23} \\ -\mu y_{m2} & 0 & 0 & 0 & i_{23} & i_{33} \end{bmatrix} \quad (3.53)$$

式中，μ 表示单位长度的质量；(y_{m2}, y_{m3}) 是质量中心；i_{22} 和 i_{33} 分别是关于 y_2 和 y_3 的质量惯性矩。

表 3.2 FRP 层合工字梁的质量矩阵

2.9000×10^{-1}	0	0	0	5.6267×10^{-14}	-2.9577×10^{-14}
0	2.9000×10^{-1}	0	-5.6267×10^{-14}	0	0
0	0	2.9000×10^{-1}	2.9577×10^{-14}	0	0
0	-5.6267×10^{-14}	2.9577×10^{-14}	2.1052×10^{4}	0	0
5.6267×10^{-14}	0	0	0	1.6810×10^{4}	5.0626×10^{-13}
-2.9577×10^{-14}	0	0	0	5.0626×10^{-13}	4.2417×10^{3}

表 3.3 是构建模型计算的 FRP 层合工字梁经典刚度矩阵，其形式如式(3.25)所示。可以看出，拉伸、扭转和弯曲相互耦合，这与各向同性材料完全不同。沿 y_2 方向的弯扭耦合刚度系数(-1.1835×10^{13})远大于沿 y_3 方向的弯扭耦合刚度系数(-1.8366×10^{8})，表明弯扭主要影响沿 y_3 方向的弯扭耦合，这主要是由于工字钢的强扭弱弯的耦合影响。

表 3.3　FRP 层合工字梁的经典刚度矩阵

拉伸	扭转	绕 y_2 弯曲	绕 y_3 弯曲
1.1477×10^{10}	1.0832×10^6	-7.1484×10^6	1.6791×10^{10}
1.0832×10^6	3.6328×10^{12}	-1.1835×10^{13}	-1.8366×10^8
-7.1484×10^6	-1.1835×10^{13}	6.7665×10^{14}	8.5801×10^8
1.6791×10^{10}	-1.8366×10^8	8.5801×10^8	1.6655×10^{14}

表 3.4 是构建模型计算的 FRP 层合工字梁 Timoshenko 刚度矩阵，其形式如式 (3.46)所示。弯扭耦合刚度系数 $d_{45}(-1.1836 \times 10^{13})$ 远大于 $d_{46}(-1.8317 \times 10^8)$，与 CBT 基本相同。GTM 除了考虑拉伸、扭转和弯曲外，还考虑了横向剪切变形的影响，比 CBT 更有优势。

表 3.4　FRP 层合工字梁的 Timoshenko 刚度矩阵

拉伸	y_2 方向剪切	y_3 方向剪切	扭转	绕 y_2 弯曲	绕 y_3 弯曲
1.1986×10^{10}	5.9047×10^8	8.5229×10^2	6.0597×10^5	-5.3924×10^6	1.6399×10^{10}
5.9047×10^8	6.8524×10^8	-1.7773×10^4	-5.2782×10^5	2.0014×10^6	-4.5554×10^8
8.5229×10^2	-1.7773×10^4	2.8729×10^8	-3.9844×10^8	5.5822×10^8	-9.0452×10^4
6.0597×10^5	-5.2782×10^5	-3.9844×10^8	3.6334×10^{12}	-1.1836×10^{13}	-1.8317×10^8
-5.3924×10^6	2.0014×10^6	5.5822×10^8	-1.1836×10^{13}	6.7665×10^{14}	8.5649×10^8
1.6399×10^{10}	-4.5554×10^8	-9.0452×10^4	-1.8317×10^8	8.5649×10^8	1.6655×10^{14}

1）位移分布比较

图 3.6 是构建模型和 ABAQUS 计算得到的沿分析路径的局部位移分布比较，左下方的小图是 ABAQUS 计算得到的位移云图，该分析路径在 x_1=11250mm，

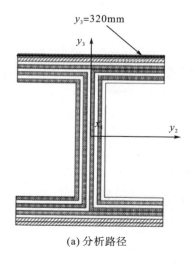

(a) 分析路径

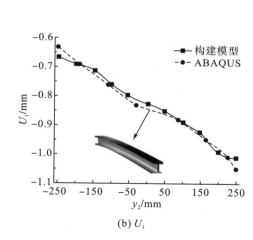

(b) U_1

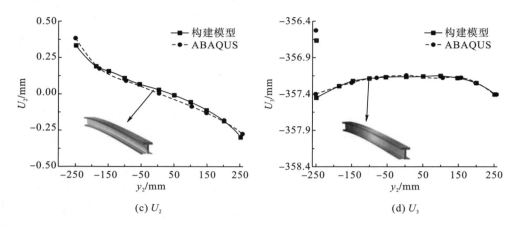

(c) U_2 (d) U_3

图 3.6   FRP 层合工字梁在 y_3= 320mm、x_1=11250mm 处沿 y_2 方向的位移分布

y_2=-250～250mm，y_3=320mm 处。位移分布图表明，构建模型的预测结果与 ABAQUS 的预测结果吻合较好，说明构建模型中采用 GTM 重构位移是可行的。

图 3.6(b) 中的预测 U_1 在整个分析路径中呈线性分布，表明梁承受横向弯曲，且梁轴线不垂直于横截面。图 3.6(c) 中预测的 U_2 具有反对称分布，这是截面翘曲的结果。验证了 CBT 的平面假设在弯扭耦合下不成立。图 3.6(d) 中预测的 U_3 基本相同，在均布载荷作用下，两侧的 U_3 值略大于中部，与实际情况相符。

2) 应力分布比较

图 3.7 是构建模型和 ABAQUS 计算得到的沿分析路径的局部应力分布比较，左下方的小图是 ABAQUS 计算得到的应力云图。结果表明，构建模型预测的局部应力精度与 ABAQUS 预测的精度基本相同。同一位置的应力略有不同的原因是 ABAQUS 中的网格划分与构建模型中的网格划分不同，构建模型中采用的是截面

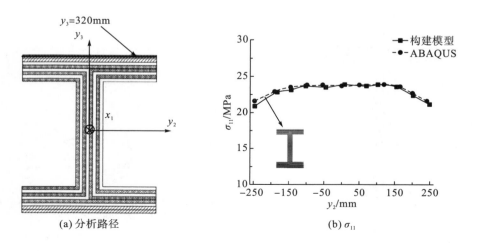

(a) 分析路径   (b) σ_{11}

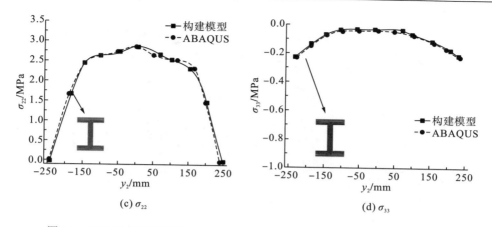

(c) σ_{22}　　　　　　　　　　　(d) σ_{33}

图 3.7　FRP 层合工字梁在 y_3= 320mm、x_1=11250mm 处沿 y_2 方向的应力分布

单元平均应力。但由于单元网格较小，即使是平均应力也可以表征截面的应力状态。从图 3.7(b) 可以看出，σ_{11} 的最大值在 20~25MPa，两侧略小，这是因为腹板的约束随着距离的增加而减小，导致变形大，应力小。从图 3.7(c) 可以看出，σ_{22} 的值在边缘为零，在中间为 2.8MPa，具有自由边界效应特征，这主要由侧向扭转引起。如图 3.7(d) 所示，σ_{33} 的值几乎为零(低于 0.2MPa)。

3) 应变分布比较

图 3.8 是构建模型和 ABAQUS 计算得到的沿分析路径的局部应变分布比较，左下方的小图是 ABAQUS 计算得到的应变云图。可以看出，构建模型和 ABAQUS 预测的局部应变分布基本一致。由于网格精度不同，某些位置的应变分布略有不同，Γ_{11} 和 Γ_{22} 在两侧的分布大于中间，而 Γ_{33} 的分布几乎相同，但由于载荷的均匀性，两侧的分布较小。

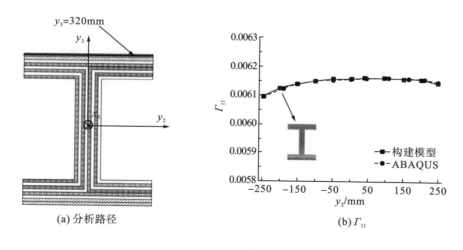

(a) 分析路径　　　　　　　　　　　(b) Γ_{11}

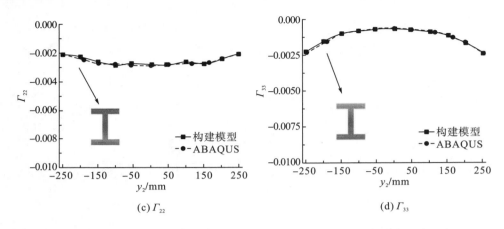

(c) Γ_{22}　　　　　　　　　　　　　　　(d) Γ_{33}

图 3.8　FRP 层合工字梁在 y_3= 320mm、x_1=11250mm 处沿 y_2 方向的应变分布

从图 3.6~图 3.8 可以看出，构建模型重构的位移、应力和应变分布与 ABAQUS 预测的一致，验证了构建模型将变分渐近法作为分析 FRP 层合梁理论基础的可行性。与三维有限元分析相比，构建的 FRP 层合梁模型计算量小，精度高。在接下来的分析中，将使用构建模型研究 FRP 层合箱梁在弯扭耦合载荷作用下的局部场分布。

3.3.2　FRP 层合箱梁

FRP 层合箱梁的壁厚为 30mm，悬臂梁长度为 2500mm，截面尺寸 500mm× 250mm。箱梁各壁由六层各向异性材料层组成。各层的布置如图 3.9 所示，材料属性如表 3.5 所示。

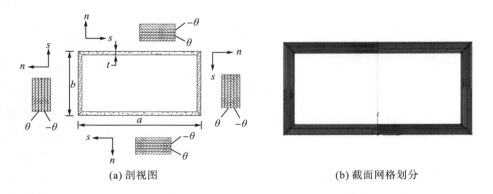

(a) 剖视图　　　　　　　　　　　　　　　(b) 截面网格划分

图 3.9　FRP 层合箱梁的截面及网格划分

表 3.5　FRP 层合箱梁的几何参数和材料性能

项目	属性	数值
几何参数	宽度 a/mm	1000
	高度 b/mm	500
	翼板厚度 t_f/mm	60
	右壁和上壁的铺层角度	$\theta_3/-\theta_3$
	左壁和下壁的铺层角度	$-\theta_3/\theta_3$
材料属性	纵向弹性模量 E_1/GPa	114
	横向弹性模量 E_2、E_3/GPa	7.75
	剪切模量 G_{12}、G_{13}/GPa	3.76
	剪切模量 G_{23}	2.75
	纵向泊松比	0.337
	横向泊松比	0.337
	密度/(kg/m³)	1496

表 3.6 是构建模型计算的 FRP 层合箱梁质量矩阵,其形式如式(3.53)所示。可以看出,经过有限元网格划分后,质心位置的质量矩阵中消除惯性矩,非对角项元素值几乎为零。

表 3.6　FRP 层合箱梁的质量矩阵

3.3120×10^{-1}	0	0	0	0	0
0	3.3120×10^{-1}	0	0	0	0
0	0	3.3120×10^{-1}	0	0	0
0	0	0	5.2959×10^4	0	0
0	0	0	0	1.2785×10^4	7.6401×10^{-11}
0	0	0	0	7.6401×10^{-11}	4.0173×10^4

表 3.7 是构建模型计算的 FRP 层合箱梁经典刚度矩阵,其形式如式(3.25)所示。可以看出,其影响规律与工字梁相同,即拉伸、扭转、弯曲三者相互耦合,扭转主要影响沿 y_3 方向的弯曲。值得注意的是,沿 y_2 方向的弯曲刚度系数(4.8112×10^{14})与沿 y_3 方向的弯曲刚度系数(4.9615×10^{14})几乎相同,而沿 y_2 方向的扭转弯曲刚度系数(-1.0454×10^{14})远大于沿 y_3 方向的扭转弯曲刚度系数(-1.6834×10^8),这可能是由于弯扭强耦合效应所致。

表 3.7　FRP 铺层箱梁的经典刚度矩阵

拉伸	扭转	绕 y_2 弯曲	绕 y_3 弯曲
4.0903×10^9	1.6105	1.0226×10^{12}	-1.1401
1.6105	1.6171×10^{14}	-1.0454×10^{14}	-1.6834×10^8
1.0226×10^{12}	-1.0454×10^{14}	4.8112×10^{14}	1.9696×10^8
-1.1401	-1.6834×10^8	1.9696×10^8	4.9615×10^{14}

表 3.8 是构建模型计算的 FRP 层合箱梁 Timoshenko 刚度矩阵，其形式如式 (3.46)所示。可以看出，FRP 层合箱梁的拉、剪、扭、弯相互耦合。值得注意的是，弯扭耦合刚度系数 $d_{45}(-2.2593\times10^{14})$ 远大于 $d_{46}(-1.5791\times10^{8})$，说明弯扭主要影响 y_3 方向的弯曲。

表 3.8   FRP 铺层箱梁的 Timoshenko 刚度矩阵

拉伸	y_2方向剪切	y_3方向剪切	扭转	绕 y_2弯曲	绕 y_3弯曲
6.6014×10^{9}	1.9423×10^{9}	-3.1021×10^{3}	-4.8557×10^{11}	1.6504×10^{12}	-5.3935×10^{4}
1.9423×10^{9}	1.5023×10^{9}	-2.3841×10^{3}	-3.7556×10^{11}	4.8557×10^{11}	-4.1715×10^{4}
-3.1021×10^{3}	-2.3841×10^{3}	2.5361×10^{8}	6.7836×10^{5}	-8.4557×10^{5}	-3.9940×10^{4}
-4.8557×10^{11}	-3.7556×10^{11}	6.7836×10^{5}	2.5561×10^{11}	-2.2593×10^{14}	-1.5791×10^{8}
1.6504×10^{12}	4.8557×10^{11}	-8.4557×10^{5}	-2.2593×10^{14}	6.3807×10^{14}	1.8348×10^{8}
-5.3935×10^{4}	-4.1715×10^{4}	-3.9940×10^{4}	-1.5791×10^{8}	1.8348×10^{8}	4.9615×10^{14}

图 3.10～图 3.12 是构建模型(点线)的预测结果与 ABAQUS(实线)的结果比较。从图中可以看出，构建模型与 ABAQUS 三维精确解有很好的一致性，特别是对于 FRP 层合箱梁上下壁的局部场分布。

1)沿 y_3 方向的局部场分布

利用 GTM 分析在 $x_1=1875\text{mm}$ 和 $y_2=0$、-245mm、245mm 处沿 y_3 方向的局部位移、应力和应变分布，这些分布规律可为铺层设计获得所需的最大刚度提供有价值的参考。

(1)$y_2=0$ 处局部场分布。

从图 3.10 可以看出，层合箱梁上壁和下壁内的应力应变分布呈线性变化，且方向相反。σ_{33} 的分布变化很大，但其值很小，可以忽略不计。U_1 的分布是反对称的，在 $-0.4\sim0.2\text{mm}$ 变化，而 U_2 的分布变化非常小(只有 0.008mm)，可看成常数。U_3 在层合箱梁上、下壁内的分布相同，最大差值为 0.03mm。

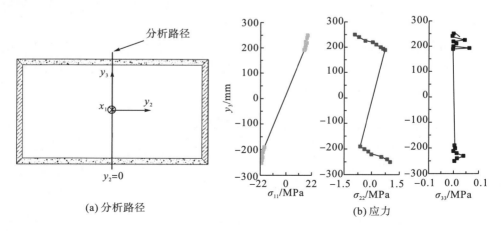

(a) 分析路径   (b) 应力

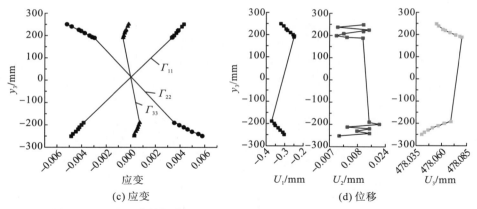

(c) 应变　　　　　　　　　　　(d) 位移

图 3.10　FRP 层合箱梁在 $y_2=0$、$x_1=1875$ mm 处沿 y_3 方向的局部场分布

(2) $y_2=-245$mm 处局部场分布。

由图 3.11 可以看出，层合箱梁左壁内应变分布变化较大，上、下壁与左壁交接处的应力产生突变。U_1 在下壁内的分布比左壁小；由于剪切变形，U_3 在左壁内的分布略大于上、下壁。

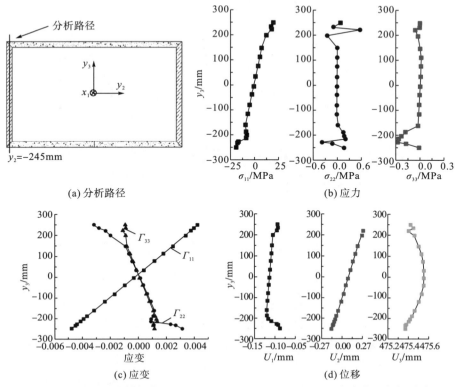

(a) 分析路径　　　　　　　　　　　(b) 应力

(c) 应变　　　　　　　　　　　(d) 位移

图 3.11　FRP 层合箱梁在 $y_2=-245$mm、$x_1=1875$ mm 处沿 y_3 方向的局部场分布

(3)y_2=245mm 处局部场分布。

从图 3.12 可以看出，应力沿分析路径的分布不均匀，主要是由于不同层间的正交异性弹性模量不同造成的。应变 Γ_{11} 的分布是线性均匀的，但 σ_{11} 的分布沿分析路径略有变化。σ_{22} 和 σ_{33} 在不同层间的分布差异较大，而 U_1、U_2 和 U_3 的分布较为合理，没有突变。U_1 在上、下壁内的值比腹板大 0.1mm 左右，U_2 分布呈线性变化，与 U_3 的抛物线分布完全不同。

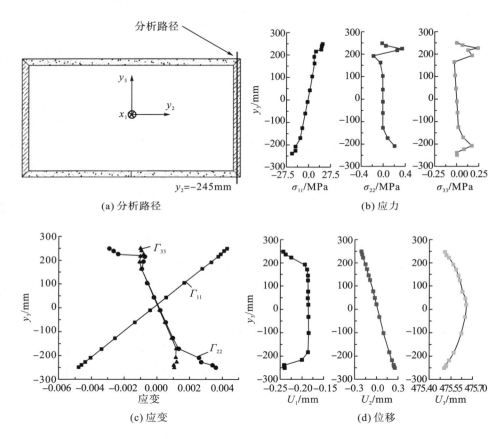

图 3.12　FRP 层合箱梁在 y_2=245mm、x_1 = 1875 mm 处沿 y_3 方向的局部场分布

2)铺层角度与截面刚度的关系

(1)铺层角度对截面刚度的影响。

为了便于比较，对所有刚度系数进行正则化处理。图 3.13 是 GTM 和 CBT 计算的不同铺层角度对 FRP 层合箱梁截面刚度的影响。

图 3.13(a)分别是 GTM 和 CBT 计算的铺层角度和拉伸刚度系数($\overline{d}_{11}$)之间的关系。可以看出，$\overline{d}_{11}$ 随铺层角度的增大呈指数递减。CBT 和 GTM 计算的 $\overline{d}_{11}$ 值

在 θ=50°~90°时基本相同，在 θ=0°~40°时相差较大，在 θ=25°时相差最大为 40.8%。这说明 CBT 与 GTM 不仅在剪切刚度系数和扭转刚度系数上存在差异，而且在复杂加载条件下的拉伸刚度系数上也不相同。但两种理论计算的铺层角度与拉伸刚度系数的变化趋势是一致的。

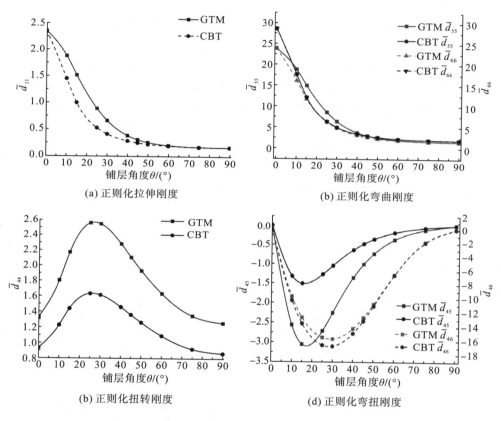

图 3.13　FRP 夹层箱梁的铺层角度与刚度系数的关系

图 3.13(b) 分别是 GTM 和 CBT 计算的铺设角度和沿两个方向弯曲刚度系数 $(\bar{d}_{55}、\bar{d}_{66})$ 之间的关系。可以看出，四条曲线都呈现出相似的趋势，$\bar{d}_{55}$ 和 $\bar{d}_{66}$ 的曲线在 θ=40°～90°时相吻合。CBT 计算的 $\bar{d}_{55}$ 与 GTM 不同，在 θ=25°时最大误差为 26.4%。两种模型计算的 $\bar{d}_{66}$ 几乎相同。$\bar{d}_{55}$ 和 $\bar{d}_{66}$ 随铺层角的增大而减小，且在 θ>40°时基本保持不变。

图 3.13(c) 分别是 GTM 和 CBT 计算的铺层角度和扭转刚度系数 $(\bar{d}_{44})$ 之间的关系。可以看出，CBT 和 GTM 计算的 $\bar{d}_{44}$ 变化趋势是一致的，即随铺层角度的增加，$\bar{d}_{44}$ 先增大后减小。但 GTM 计算的 $\bar{d}_{44}$ 值在 θ>30°时比 CBT 大 30%左右，说

明基于 CBT 设计 FRP 层合箱梁的精度损失较大。

图 3.13(d) 分别是 GTM 和 CBT 计算的铺层角度和沿两个方向弯扭耦合刚度系数($\bar{d}_{45}$、$\bar{d}_{46}$)之间的关系。可以看出，$\bar{d}_{45}$ 的值远小 $\bar{d}_{46}$，达到了可以忽略的水平。$\bar{d}_{45}$、$\bar{d}_{46}$ 随铺层角度的变化趋势相同，即随铺层角度的增大先增大后减小。GTM 计算的 $\bar{d}_{46}$ 最大值与 CBT 较接近，但 GTM 计算的 $\bar{d}_{45}$ 最大值几乎是 CBT 的两倍。简而言之，在弯扭耦合载荷作用下，CBT 和 GTM 得到的刚度系数相差较大，说明 CBT 可能不适用于复杂耦合载荷作用下的 FRP 层合梁分析。

(2) 对称/反对称铺层对截面刚度的影响。

对称铺层表示两个不同层具有相同的铺层角度，而反对称铺层表示两个不同层的铺层角度相反。图 3.14(a) 是 GTM 计算的对称/反对称铺层与 $\bar{d}_{11}$ 之间的关系。可以看出，对称/反对称铺层对 $\bar{d}_{11}$ 的影响不大。反对称铺层的 $\bar{d}_{11}$ 值在 $\theta=20°$ 时略高于对称铺层，而在 $\theta=0°\sim10°$ 和 $\theta=40°\sim90°$ 时几乎相同。

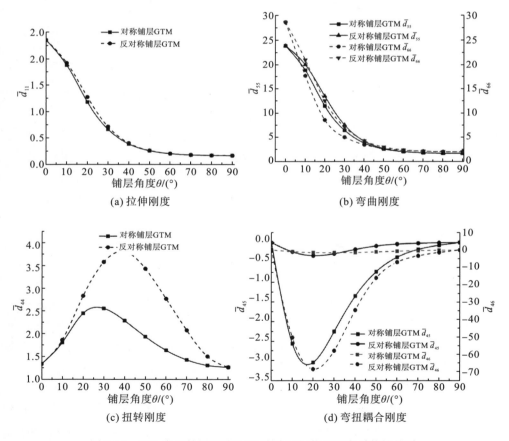

图 3.14　FRP 夹层箱梁对称/反对称铺层与截面刚度系数的关系

图 3.14(b) 是 GTM 计算的对称/反对称铺层与弯曲刚度系数 $(\overline{d}_{55}、\overline{d}_{66})$ 之间的关系。可以看出，对称/反对称铺层对 $\overline{d}_{55}$ 和 $\overline{d}_{66}$ 的影响不大。反对称铺层的弯曲刚度在 $\theta=10°\sim40°$ 时略高于对称铺层，但在 $\theta=50°\sim90°$ 时基本相同，铺层角度对 $\overline{d}_{66}$ 的影响大于 $\overline{d}_{55}$。

图 3.14(c) 是 GTM 计算的对称/反对称铺层与弯曲刚度系数 $(\overline{d}_{44})$ 之间的关系。可以看出，$\overline{d}_{44}$ 在反对称铺层中的最大值几乎是对称铺层的两倍。铺层角度与 $\overline{d}_{44}$ 的关系与上节的结果一致。

图 3.14(d) 是 GTM 计算的对称/反对称铺层与弯曲刚度系数 $(\overline{d}_{45}、\overline{d}_{46})$ 之间的关系。可以看出，对称/反对称铺层对 $\overline{d}_{45}$ 和 $\overline{d}_{46}$ 的影响较大。$\overline{d}_{45}$ 在对称铺层中的值较大，而在反对称铺层中的值较小，可以忽略不计。$\overline{d}_{46}$ 的变化规律与 $\overline{d}_{45}$ 正好相反。$\overline{d}_{45}$、$\overline{d}_{46}$ 与铺层角度的关系与上节的结果一致。

3.3.3　计算效率分析

为了比较计算效率，表 3.9 列出了构建模型和 ABAQUS 使用的计算参数。值得注意的是，ABAQUS 的网格尺寸远大于构建模型，这是因为层合梁截面上有很多层，每层的厚度都很小（FRP 层合工字梁和箱梁的层厚分别为 12.5mm 和 10mm）。网格尺寸应小于层的厚度。因此，网格尺寸应小于 10mm。构建模型的网格尺寸为 2mm，理论上满足计算要求。但如果在 ABAQUS 中使用小于 10mm 的网格尺寸，单元数将成倍增加，大大增加计算成本。

从表 3.9 的计算时间可以看出，在相同的计算硬件条件下，构建模型只需要对控制截面和节点的位移、应力和应变进行计算，计算效率高于 ABAQUS。本章所研究的梁模型几何形状比较简单。对于更复杂的复合材料结构，构建模型的计算效率和优势将更加明显。构建模型为 FRP 层合梁的分析提供了一种准确、有效的方法，有利于 FRP 层合梁的优化设计。

表 3.9　构建模型和 ABAQUS 计算参数的比较

比较项目	构建模型		ABAQUS	
	工字梁	箱梁	工字梁	箱梁
节点数	6969	22119	76120	552552
单元数	6656	21512	175800	414000
单元类型	二维四边形 8 节点单元	二维四边形 8 节点单元	三维六边形实体单元	三维六边形实体单元
网格划分尺寸/mm	2	3	20	20
计算时间/s	1.9(截面分析) 17.5s(三维场重构)	7.1(截面分析) 51.9s(三维场重构)	1410.2	3692.9
总计时间/s	19.4	59	1410.2	3692.9

3.4 本 章 小 结

本章基于多尺度变分渐近法建立了 FRP 层合梁的渐近降维模型，不需要引入特定假设，为 FRP 层合梁的局部重构提供了新的思路。该理论以变分形式给出了原三维弹性问题的表达式，并利用变分渐近法对未知的翘曲函数进行了渐近求解，得到了经典模型和渐近修正的 GTM 精细模型（广义 Timoshenko 梁模型）。通过对 FRP 层合工字梁的局部重构，验证了基于变分渐近法的 GTM 模型的准确性和有效性。

对 FRP 层合箱梁的铺层角度与截面特性关系的研究表明，FRP 层合箱梁的拉伸刚度系数和弯曲刚度系数均随铺层角度的增大而减小，铺层角度超过 50°后基本上保持不变。随着铺层角度的增大，扭转刚度系数和耦合刚度系数先增大后减小，并在铺层角度为 30°时达到最大值，研究成果可为 FRP 层合梁的优化设计提供有价值的参考。

对 FRP 层合箱梁的铺层方向与截面特性关系的研究表明，对称/反对称层合板对拉伸刚度影响不大，对弯曲刚度影响较小。反对称铺层可以在两个方向上略微提高弯曲刚度。对称/反对称铺层对扭转刚度影响较大，反对称铺层的扭转刚度是对称铺层的两倍。对称铺层将增加沿 y_2 方向的弯扭耦合刚度，而反对称铺层将减小这种耦合刚度（约为对称铺层的 1/10）。对称/反对称铺层对沿 y_3 方向的耦合刚度的影响是相反的。

主要参考文献

范玉青，张丽华，2009. 超大型复合材料机体部件应用技术的新进展——飞机制造技术的新跨越[J]. 航空学报，
　　30(3):534-543.

Hodges D H, 1990. A mixed variational formulation based on exact intrinsic equations for dynamics of moving beams[J].
　　International Journal of Solids and Structures, 26 (11):1253-1273.

Ren Y S, Du X H, 2010. Nonlinear model of thin-walled composite beams with moderate deflections[J]. Applied
　　Mechanics and Materials, 29-32: 22-27.

Sankar B V, Marrey R V, 1993. Unit-cell model of textile composite beams for predicting stiffness properties[J].
　　Composites Science and Technology, 49(1): 61-69.

Yin W, Xiang J, 2006. Stability analysis for helicopter composite rotor blades with elastic coupling[J]. Acta Materiae
　　Compositae Sinica, 23 (4):143-148.

Yu W, 2007. Efficient high-fidelity simulation of multibody systems with composite dimensionally reducible components[J]. Journal of the American Helicopter Society, 52 (1) : 49-57.

Zhong Y F, Zhang L L, 2011, High-fidelity simplified model for functionally graded cylindrical shells based on variational asymptotic method [J]. Journal of Sichuan University, 29 (10) :211-217.

Zhong Y F, Chen L, Yu W, 2012. Asymptotical construction of a fully coupled, Reissner Mindlin model for piezoelectric and piezomagnetic laminates[J]. Composite Structures, 94 (12) : 3583-3591.

第4章　波纹板均匀化

　　板壳是由两个接近的曲面或平面构成的薄三维体。在工程应用中，薄板缺乏抗剪、抗压和抗弯曲载荷的能力，可通过波纹结构进行弥补。典型波纹结构包括纤维板、折叠屋顶、容器壁、夹芯板、桥面板等。此外，波纹结构在热应力缓解和需要相对较大的抗压强度和剪切屈曲强度的机翼夹层结构等方面具有潜在的应用。与平板相比，波纹板在平面上沿某个方向存在重复曲率，其宏观行为主要受此曲率控制。波纹板的典型特征是沿波纹方向和垂直波纹方向的弯曲刚度和拉伸刚度之间存在很大的差异(后者通常比前者大两三个数量级)，主要原因是垂直波纹方向的弯矩主要由沿板厚度分布的膜应力平衡，而沿波纹方向的扩展位移主要是由波纹结构的弯曲引起的而不是平面拉伸引起的。一般来说，波纹板的弯曲不能脱离其在一定方向上的拉伸，这使得其结构分析比平板更复杂。

　　尽管可使用有限元中的壳单元或实体单元对所有波纹进行网格划分以分析波纹结构，但是需要耗费大量的计算时间，计算效率很低，特别是结构由成百上千个波纹组成时，难以在规定时间内完成所有的计算。若波纹周期远小于结构的宏观变形特征长度，可将其建模为等效板结构，如图4.1所示。通过平板截面分析得到的等效刚度代替原来的波纹板进行板的全局行为(如拉伸、旋转、振动、屈曲等)分析，可大大减少波纹板有限元建模的总自由度。

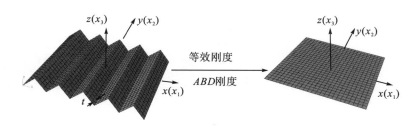

图 4.1　波纹板结构的等效板模型

　　建立等效板模型一般可分为基于各种假设的工程法和基于壳理论控制偏微分方程的渐近分析法。大多数方法可归结为工程法，需调用各种边界条件和波纹结构内力/力矩分布假设。对于给定的恒定应变状态，可确定波形结构内实际(或假设)力/力矩分布，然后使用力或能量等效推导相应的刚度常数。解析法和有限元法均可用于预测刚度常数，解析法的优点是可根据波纹结构的材料和几何特征提供一组封闭形式表达式，而有限元法预测值仅对特定结构有效。

若波纹的周期远小于结构的尺寸，波纹结构可使用等效正交各向异性板进行设计和分析。首先需对单个波纹周期 RSE 进行分析得到等效板刚度；然后将这些刚度用于板分析以得到全局行为。在进行失效分析时，还需要重构 RSE 内局部应力场和应变场，而这是大部分简化模型尚未解决的问题。

波纹的斜率一般可以分为连续和不连续。在连续情况下，斜率由单元的特征函数描述；在不连续情况下，分段常数是由波纹高度对波纹长度的导数得到。本章将基于多尺度变分渐近法研究分段直波纹结构的等效板模型。由于壳能量的变分形式包含波动函数的二阶项，在数值解中需要 C_1 连续性单元。本章利用单个波纹 RSE 相对整个波形结构宏观变形很小的特点进行渐近分析，将场变量的渐近展开代入壳理论的控制微分方程中，通过求解系列对应于不同阶的微分方程组，得到等效板与波纹板结构之间的关系。

4.1　分段直波纹板的壳体方程

基于能量等效原则建立分段直波纹板的等效板模型，首先需要根据薄壳理论，推导波纹板的能量泛函。

图 4.2 所示为分段直波纹，其中 $k^{(1)}$、$k^{(2)}$ 分别为相对 x_1（沿波纹方向的直角坐标）的两线段斜率，考虑两直线段构成的波纹结构，以便求解过程尽可能简单。图中 x、y、z 为全局坐标，x_1、x_2、x_3 为局部坐标，t 为板厚度，H 为波纹板的半高，L 为波纹板 RSE 的弦长，Q 为折点位置，需在不连续点处引入新的约束。选择笛卡儿坐标系 x_i（下标 $i=1,2$ 和 3）。$X = x_1 / L$ 为无量纲的 RSE 坐标，X 在-0.5～0.5 范围内变化。波纹的形状可由 $x_3(X)=L\chi_i(X)$ 周期函数描述。斜率 k 和表面度量张量的行列式 d 分别可表示为

$$k = \frac{\mathrm{d}x_3(x_1)}{\mathrm{d}x_1} = \frac{\mathrm{d}\chi_i(X)}{\mathrm{d}X}, \quad d = 1 + k^2 \tag{4.1}$$

显然，对于分段直波纹板，k 和 d 为分段常数 $k^{(\alpha)}$ 和 $d^{(\alpha)}$（$\alpha=1,2$）。$x_3(X)$ 可分解为

$$x_3^{(1)}(X) = k^{(1)}\left(LX - \frac{Q-L/2}{2} \right) \quad \left(\frac{-1}{2} \leqslant X \leqslant \frac{Q}{L} \right) \tag{4.2}$$

$$x_3^{(2)}(X) = k^{(2)}\left(LX - \frac{Q+L/2}{2} \right) \quad \left(\frac{Q}{L} \leqslant X \leqslant \frac{1}{2} \right) \tag{4.3}$$

式中，上标括号数据代表分段号。

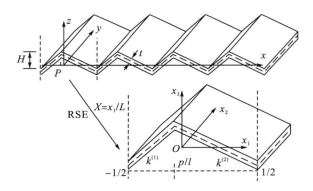

图 4.2　分段直波纹结构几何形状和相应的 RSE

对于波纹板位移函数，可认为是 RSE 坐标 X、坐标 x 和 y 的函数（图 4.2），即

$$u_1(X,x,y)=u_1(x,y)-x_3(X)u_{3,1}+L\chi_1(X,x,y) \tag{4.4}$$

$$u_2(X,x,y)=u_2(x,y)-x_3(X)u_{3,2}+L\chi_2(X,x,y) \tag{4.5}$$

$$u_3(X,x,y)=u_3(x,y)+L\chi_3(X,x,y) \tag{4.6}$$

式中，u_1、u_2、u_3 为沿着 x_1、x_2、x_3 方向的位移；u_i 为等效位移；χ_i 为 X 的周期性函数。

根据周期性结构的一般理论，定义 u_i 为在 RSE 上的位移平均值，即

$$u_i(x_1,x_2)=\langle u_i(X,x_1,x_2)\rangle \tag{4.7}$$

式中，$\langle\cdot\rangle$ 表示沿 RSE 域的积分，$\langle\cdot\rangle=\int_{-1/2}^{1/2}(\cdot)\mathrm{d}X$。

显然

$$\langle \chi_i(X,x_1,x_2)\rangle=0 \tag{4.8}$$

等效板平面应变分别为

$$\varepsilon_{11}=u_{1,1}-x_3u_{3,11}+\chi_{1,X}+k^{(\alpha)}\chi_{3,X} \tag{4.9}$$

$$2\varepsilon_{12}=u_{1,2}+u_{2,1}-2x_3u_{3,12}+\chi_{2,X} \tag{4.10}$$

$$\varepsilon_{22}=u_{2,2}-x_3u_{3,22} \tag{4.11}$$

弯曲应变分别为

$$\kappa_{11}=\frac{1}{L\sqrt{d^{(\alpha)}}}\chi_{3,XX}-\frac{k^{(\alpha)}}{L\sqrt{d^{(\alpha)}}}\chi_{1,XX}+v_{3,11}\frac{\left(k^{(\alpha)}\right)^2+d^{(\alpha)}}{\sqrt{d^{(\alpha)}}} \tag{4.12}$$

$$2\kappa_{12}=2\sqrt{d^{(\alpha)}}u_{3,12} \tag{4.13}$$

$$\kappa_{22}=\frac{1}{\sqrt{d^{(\alpha)}}}u_{3,22} \tag{4.14}$$

式中，$( )_{,X} = \dfrac{\partial ( )}{\partial X}$、$( )_{,XX} = \dfrac{\partial^2 ( )}{\partial X^2}$ 分别表示相对 RSE 坐标 X 的一阶和二阶偏导；

$( )_{,\alpha} = \dfrac{\partial ( )}{\partial x_\alpha}$、$( )_{,\alpha\alpha} = \dfrac{\partial^2 ( )}{\partial x_\alpha{}^2}$ 分别表示相对坐标 x_α 的一阶和二阶偏导。

RSE 的应变能为

$$J = \left\langle U \sqrt{d^{(\alpha)}} \right\rangle \tag{4.15}$$

式中，U 为 RSE 应变能密度，其具体表达式为

$$
\begin{aligned}
U = Gt &\left[\mu \left(\frac{1}{d^{(\alpha)}} \varepsilon_{11} + \varepsilon_{22} \right)^2 + \frac{1}{d^{(\alpha)2}} \varepsilon_{11}^2 + \frac{2}{d^{(\alpha)}} \varepsilon_{12}^2 + \varepsilon_{22}^2 \right] \\
&+ \frac{Gt^3}{12} \left[\mu \left(\frac{1}{d^{(\alpha)}} \kappa_{11} + \kappa_{22} \right)^2 + \frac{1}{d^{(\alpha)2}} \kappa_{11}^2 + \frac{2}{d^{(\alpha)}} \kappa_{12}^2 + \kappa_{22}^2 \right]
\end{aligned}
\tag{4.16}
$$

其中，$\mu = \nu / (1 - \nu)$，ν 为泊松比；G 为剪切模量；材料参数 G、μ 和板厚 t 是 X 的函数，为便于计算，假设为常数。

由式 (4.9) ～ 式 (4.11) 和式 (4.12) ～ 式 (4.14) 可知，ε_{22}、κ_{22}、$2\kappa_{12}$ 不包含 χ_1、χ_2、χ_3 项，$2\varepsilon_{12}$ 仅与 χ_2 相关，ε_{11}、κ_{11} 与 χ_1、χ_3 相关。为此可将总应变能分为三部分：J_1 对应于 χ_1、χ_3；J_2 对应于 χ_2；J_3 包含常量部分。

4.2　分段直波纹板应变能的渐近求解

为求解未知周期性函数 χ_i，采用变分渐近法对构建的 RSE 应变能（式 (4.15)）进行渐近求解。与 χ_2 有关的主应变能为

$$J_2 = \left\langle Gt \frac{1}{2\sqrt{d^{(\alpha)}}} \left(\left(2\varepsilon_{12} \right)^2 + \frac{t^2}{12} \left(2\kappa_{12} \right)^2 \right) \right\rangle \tag{4.17}$$

周期性函数 χ_2 可通过式 (4.8) 约束下最小化式 (4.10) 中的 $2\varepsilon_{12}$ 得到。通过引入拉格朗日乘子 λ_2 处理约束，相应的欧拉-拉格朗日方程为

$$\left(\frac{1}{\sqrt{d^{(\alpha)}}} 2\varepsilon_{12} \right)_{,X} - \lambda_2 = 0 \tag{4.18}$$

边界条件为

$$\left[\chi_2 \right] = 0, \quad \left[\frac{1}{\sqrt{d^{(\alpha)}}} 2\varepsilon_{12} \right] = 0 \tag{4.19}$$

式中，$[\ ] = 0$ 表示两个条件，如 $[\chi_2] = 0$ 表示周期性边界条件 $\chi_2^{(2)}(1/2) - \chi_2^{(1)}(-1/2)$

=0 和连续性边界条件 $\chi_2^{(1)}(Q/L) - \chi_2^{(2)}(Q/L) = 0$。

由式(4.19)的第 2 个条件，得到 $\lambda_2 = 0$，因此，有

$$\frac{1}{\sqrt{d^{(\alpha)}}} 2\varepsilon_{12} = c_2 \tag{4.20}$$

$$2\varepsilon_{12} = \sqrt{d^{(\alpha)}} c_2 \tag{4.21}$$

将式(4.21)代入式(4.10)，得到

$$u_{1,2} + u_{2,1} - 2x_3 u_{3,12} + \chi_{2,X} = \sqrt{d^{(\alpha)}} c_2 \tag{4.22}$$

式(4.22)两边相对 X 积分，得到 χ_2 的显式表达式为

$$\chi_2 = -X\left(u_{1,2} + u_{2,1}\right) + \int_0^X 2x_3 u_{3,2} \mathrm{d}x_1 + \int_0^X \sqrt{d^{(\alpha)}} c_2 \mathrm{d}x_1 - \left\langle \int_0^X \sqrt{d^{(\alpha)}} c_2 \mathrm{d}x_1 \right\rangle \tag{4.23}$$

式中，$c_2 = \dfrac{u_{1,2} + u_{2,1}}{\left\langle \sqrt{d^{(\alpha)}} \right\rangle}$。

类似地，引入拉格朗日乘子 λ_1、λ_3 求解式(4.8)中 χ_1 和 χ_3。相应的欧拉-拉格朗日方程为

$$\left(\frac{1}{\sqrt{d^{(\alpha)}}}\left(\frac{\varepsilon_{11}}{d^{(\alpha)}} + \nu\varepsilon_{22}\right) + \frac{k^{(\alpha)}}{d^{(\alpha)}}\frac{t^2}{12L}\left(\frac{\kappa_{11}}{d^{(\alpha)}} + \nu\kappa_{22}\right)_{,X}\right)_{,X} - \lambda_1 = 0 \tag{4.24}$$

$$\left(\frac{k^{(\alpha)}}{\sqrt{d^{(\alpha)}}}\left(\frac{\varepsilon_{11}}{d^{(\alpha)}} + \nu\varepsilon_{22}\right) - \frac{1}{d^{(\alpha)}}\frac{t^2}{12L}\left(\frac{\kappa_{11}}{d^{(\alpha)}} + \nu\kappa_{22}\right)_{,X}\right)_{,X} - \lambda_3 = 0 \tag{4.25}$$

边界条件为

$$\begin{cases} \left[\chi_1\right] = 0 \\ \left[\frac{1}{\sqrt{d^{(\alpha)}}}\left(\frac{\varepsilon_{11}}{d^{(\alpha)}} + \nu\varepsilon_{22}\right) + \frac{k^{(\alpha)}}{d^{(\alpha)}}\frac{t^2}{12L}\left(\frac{\kappa_{11}}{d^{(\alpha)}} + \nu\kappa_{22}\right)_{,X}\right] = 0 \\ \left[\chi_3\right] = 0 \\ \left[\frac{k^{(\alpha)}}{\sqrt{d^{(\alpha)}}}\left(\frac{\varepsilon_{11}}{d^{(\alpha)}} + \nu\varepsilon_{22}\right) - \frac{1}{d^{(\alpha)}}\frac{t^2}{12L}\left(\frac{\kappa_{11}}{d^{(\alpha)}} + \nu\kappa_{22}\right)_{,X}\right] = 0 \\ \left[\left(\frac{\kappa_{11}}{d^{(\alpha)}} + \nu\kappa_{22}\right)\left(\frac{k^{(\alpha)}}{d^{(\alpha)}}\delta\chi_{1,X} - \frac{1}{2}\delta\chi_{3,X}\right)\right] = 0 \end{cases} \tag{4.26}$$

为了满足式(4.26)中的第 5 个条件，需要建立两波段之间角度变化的几何关系，如图 4.3 所示。在经典板理论(Kirchhoff-Love 板理论)下构建波纹板模型时，剪切效应不会导致角度的变化，即 $\Delta\theta = 0$。

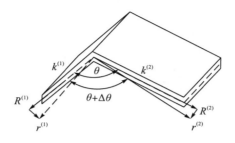

图 4.3　接头处刚性约束 ($\Delta\theta = 0$)

定义两波段之间的角度为

$$\frac{\boldsymbol{R}^{(1)}+\boldsymbol{r}^{(1)}}{\left|\boldsymbol{R}^{(1)}+\boldsymbol{r}^{(1)}\right|}\cdot\frac{\boldsymbol{R}^{(2)}+\boldsymbol{r}^{(2)}}{\left|\boldsymbol{R}^{(2)}+\boldsymbol{r}^{(2)}\right|}=\cos\left(\theta+\Delta\theta\right) \tag{4.27}$$

式中，θ、$\Delta\theta$ 分别为折点的初始夹角和夹角增量。

忽略高阶项的小位移，将式 (4.27) 改写为

$$\left(\boldsymbol{R}^{(1)}\cdot\boldsymbol{r}^{(2)}+\boldsymbol{R}^{(2)}\cdot\boldsymbol{r}^{(1)}\right)-\cos\left(\boldsymbol{R}^{(1)}\cdot\boldsymbol{r}^{(1)}+\boldsymbol{R}^{(2)}\cdot\boldsymbol{r}^{(2)}\right)=-\Delta\theta\sin\theta \tag{4.28}$$

式中

$$\boldsymbol{R}^{(1)}=\frac{1}{\sqrt{d^{(\alpha)}}}\hat{\boldsymbol{e}}_1+\frac{k^{(\alpha)}}{\sqrt{d^{(\alpha)}}}\hat{\boldsymbol{e}}_3,\quad \boldsymbol{R}^{(2)}=-\frac{1}{\sqrt{d^{(\alpha)}}}\hat{\boldsymbol{e}}_1-\frac{k^{(\alpha)}}{\sqrt{d^{(\alpha)}}}\hat{\boldsymbol{e}}_3 \tag{4.29}$$

$$\boldsymbol{r}^{(\alpha)}=\frac{\mathrm{d}u_1}{\mathrm{d}x_i}\boldsymbol{R}^{(\alpha)}\hat{\boldsymbol{e}}_1+\frac{\mathrm{d}u_2}{\mathrm{d}x_i}\boldsymbol{R}^{(\alpha)}\hat{\boldsymbol{e}}_2+\frac{\mathrm{d}u_3}{\mathrm{d}x_i}\boldsymbol{R}^{(\alpha)}\hat{\boldsymbol{e}}_3 \tag{4.30}$$

其中，$\hat{\boldsymbol{e}}_i$ 为沿 $\boldsymbol{x}_i$ 轴的基向量。

将式 (4.4)～式 (4.6) 代入式 (4.30)，再代入式 (4.28)，得到边界条件为

$$\left(\frac{k^{(1)}}{d^{(1)}}-\frac{k^{(2)}}{d^{(2)}}\right)(u_{1,1}-x_3u_{3,11})+\chi_{1,X}^{(1)}\frac{k^{(1)}}{d^{(1)}}-\chi_{1,X}^{(2)}\frac{k^{(2)}}{d^{(2)}}-\chi_{3,X}^{(1)}\frac{1}{d^{(1)}}+\chi_{3,X}^{(2)}\frac{1}{d^{(2)}}=0 \tag{4.31}$$

在不连续点处采用式 (4.31) 对式 (4.26) 的第 5 个条件进行修正，即

$$\left[\frac{\kappa_{11}}{d^{(\alpha)}}+\nu\kappa_{22}\right]=0 \tag{4.32}$$

由式 (4.26) 的第 2 个和第 4 个条件，得到 $\lambda_1=\lambda_3=0$，积分常数 $c_1^{(1)}=c_1^{(2)}$，$c_3^{(1)}=c_3^{(2)}$，因此有

$$\frac{1}{d^{(\alpha)}}\left(\frac{\varepsilon_{11}}{d^{(\alpha)}}+\nu\varepsilon_{22}\right)+\frac{t^2}{12L}\left(\frac{\kappa_{11}}{d^{(\alpha)}}+\nu\kappa_{22}\right)_{,X}\frac{k^{(\alpha)}}{d^{(\alpha)}}=c_1 \tag{4.33}$$

$$\frac{k^{(\alpha)}}{d^{(\alpha)}}\left(\frac{\varepsilon_{11}}{d^{(\alpha)}}+\nu\varepsilon_{22}\right)-\frac{t^2}{12L}\left(\frac{\kappa_{11}}{d^{(\alpha)}}+\nu\kappa_{22}\right)_{,X}\frac{1}{d^{(\alpha)}}=c_3 \tag{4.34}$$

考虑式 (4.32) 的约束条件，在 RSE 长度上积分，得到

$$c_3 = 0 \tag{4.35}$$

式(4.33)和式(4.34)可以简化为

$$\left(\frac{\kappa_{11}}{d^{(\alpha)}} + \nu\kappa_{22} \right)_{,X} = c_1 \frac{12k^{(\alpha)}L}{t^2} \tag{4.36}$$

$$\left(\frac{\varepsilon_{11}}{d^{(\alpha)}} + \nu\varepsilon_{22} \right) = \frac{c_1}{\sqrt{d^{(\alpha)}}} \tag{4.37}$$

对式(4.36)积分得到

$$\left(\frac{\kappa_{11}^{(1)}}{d^{(1)}} + \nu\kappa_{22} \right) = c_1 \frac{12x_3^{(1)}}{t^2} + c_4^{(1)} \quad \left(-\frac{1}{2} \leqslant X \leqslant \frac{Q}{L} \right) \tag{4.38}$$

$$\left(\frac{\kappa_{11}^{(2)}}{d^{(2)}} + \nu\kappa_{22} \right) = c_1 \frac{12x_3^{(2)}}{t^2} + c_4^{(2)} \quad \left(\frac{Q}{L} < X \leqslant \frac{1}{2} \right) \tag{4.39}$$

将式(4.12)~式(4.14)代入式(4.38)和式(4.39)，可得到

$$\left(\chi_{3,X}^{(1)} - \frac{k^{(1)}}{d^{(1)}}\varepsilon_{11}^{(1)} \right)_{,X} = L\left(c_1 \frac{12}{t^2}x_3^{(1)}\sqrt{d^{(1)}} + c_4^{(1)}\sqrt{d^{(1)}} - \left(u_{3,11} + \nu u_{3,22} \right) \right) \quad \left(-\frac{1}{2} \leqslant X \leqslant \frac{Q}{L} \right)$$

$$\tag{4.40}$$

$$\left(\chi_{3,X}^{(2)} - \frac{k^{(2)}}{d^{(2)}}\varepsilon_{11}^{(2)} \right)_{,X} = L\left(c_1 \frac{12}{t^2}x_3^{(2)}\sqrt{d^{(2)}} + c_4^{(2)}\sqrt{d^{(2)}} - \left(u_{3,11} + \nu u_{3,22} \right) \right) \quad \left(\frac{Q}{L} < X \leqslant \frac{1}{2} \right)$$

$$\tag{4.41}$$

在边界条件式(4.31)下沿 RSE 长度进行积分，得到 $\left[\chi_{3,X} - \frac{k^{(\alpha)}}{d^{(\alpha)}}\varepsilon_{11} \right] = 0$。在不

连续点处对式(4.38)和式(4.39)进行求解，得到

$$c_4^{(1)} = c_4^{(2)}$$

$$c_4 = \frac{1}{\left\langle \sqrt{d^{(\alpha)}} \right\rangle} \left(u_{3,11} + \nu u_{3,22} \right) \tag{4.42}$$

对式(4.40)和式(4.41)积分，得到 $c_5^{(1)} = c_5^{(2)}$。因此

$$\chi_{3,X} - \frac{k^{(\alpha)}}{d^{(\alpha)}}\varepsilon_{11} = -\frac{12L}{t^2}c_1 A + L\left(\frac{\int_{Q/L}^{X}\sqrt{d^{(\alpha)}}\,\mathrm{d}x_1}{\left\langle \sqrt{d^{(\alpha)}} \right\rangle} - X \right)\left(u_{3,11} + \nu u_{3,22} \right) + c_5 \tag{4.43}$$

式中，$A = -\int_{Q/L}^{X}\sqrt{d^{(\alpha)}}\,x_3\mathrm{d}x_1$。

式(4.37)乘以 $k^{(\alpha)}$，并与式(4.43)相加得到

$$\chi_{3,X} + \nu k^{(\alpha)}\varepsilon_{22} = \frac{c_1 k^{(\alpha)}}{\sqrt{d^{(\alpha)}}} - \frac{12L}{t^2}c_1 A + L\left(\frac{\int_{Q/L}^{X}\sqrt{d^{(\alpha)}}\mathrm{d}x_1}{\left\langle\sqrt{d^{(\alpha)}}\right\rangle} - X\right)(u_{3,11} + \nu u_{3,22}) + c_5 \quad (4.44)$$

沿 RSE 长度积分，得到

$$c_5 = -c_1\left\langle\frac{k^{(\alpha)}}{\sqrt{d^{(\alpha)}}}\right\rangle + \frac{12L}{t^2}c_1\langle A\rangle - L\frac{\left\langle\int_{Q/L}^{X}\sqrt{d^{(\alpha)}}\mathrm{d}x_1\right\rangle}{\left\langle\sqrt{d^{(\alpha)}}\right\rangle}(u_{3,11} + \nu u_{3,22}) \quad (4.45)$$

由于 $\langle\chi_{3,X}\rangle = 0$，$\langle k^{(\alpha)} x_3\rangle = 0$，因此

$$\chi_{3,X} = -\nu k^{(\alpha)}\varepsilon_{22} + c_1\left(\frac{k^{(\alpha)}}{\sqrt{d^{(\alpha)}}} - \left\langle\frac{k^{(\alpha)}}{\sqrt{d^{(\alpha)}}}\right\rangle\right) - \frac{12L}{t^2}c_1\left(A - \langle A\rangle\right)$$
$$+ L\left(\frac{\int_{Q/L}^{X}\sqrt{d^{(\alpha)}}\mathrm{d}x_1 - \left\langle\int_{Q/L}^{X}\sqrt{d^{(\alpha)}}\mathrm{d}x_1\right\rangle}{\left\langle\sqrt{d^{(\alpha)}}\right\rangle} - X\right)(u_{3,11} + \nu u_{3,22}) \quad (4.46)$$

式 (4.46) 两侧相对 X 积分，得到 χ_3 的显示表达式为

$$\chi_3 = -\nu k^{(\alpha)}\varepsilon_{22} + c_1\left(\int_0^X\frac{k^{(\alpha)}}{\sqrt{d^{(\alpha)}}}\mathrm{d}x_1 - \left\langle\int_0^X\frac{k^{(\alpha)}}{\sqrt{d^{(\alpha)}}}\mathrm{d}x_1\right\rangle - X\left\langle\frac{k^{(\alpha)}}{\sqrt{d^{(\alpha)}}}\right\rangle\right)$$
$$- \frac{12L}{t^2}c_1\left(\int_0^X A\mathrm{d}x_1 - \left\langle\int_0^X A\mathrm{d}x_1\right\rangle - X\langle A\rangle\right) \quad (4.47)$$

将式 (4.37) 改写为

$$u_{1,1} - x_3 u_{3,11} + \chi_{1,X} + k^{(\alpha)}\chi_{3,X} = c_1\sqrt{d^{(\alpha)}} - \nu d^{(\alpha)}\varepsilon_{22} \quad (4.48)$$

将式 (4.46) 代入式 (4.48)，得到

$$\chi_{1,X} = -\left(u_{1,1} + \nu u_{2,2} + k^{(\alpha)}u_{3,1}\right) + c_1\left(\frac{1}{\sqrt{d^{(\alpha)}}} + k^{(\alpha)}\left\langle\frac{k^{(\alpha)}}{\sqrt{d^{(\alpha)}}}\right\rangle\right)$$
$$+ \frac{12L^2}{t^2}c_1\left(k^{(\alpha)}A - k^{(\alpha)}\langle A\rangle\right) \quad (4.49)$$

式 (4.49) 两侧对 X 积分，得到 χ_1 的显示表达式为

$$\chi_1 = -\left(X u_{1,1} + \nu X u_{2,2} + k^{(\alpha)}u_{3,1}\right)$$
$$+ c_1\left(\int_0^X\frac{1}{\sqrt{d^{(\alpha)}}}\mathrm{d}x_1 - \left\langle\int_0^X\frac{1}{\sqrt{d^{(\alpha)}}}\mathrm{d}x_1\right\rangle + k^{(\alpha)}\left\langle\frac{k^{(\alpha)}}{\sqrt{d^{(\alpha)}}}\right\rangle\right)$$
$$+ \frac{12L^2}{t^2}c_1\left(\int_0^X k^{(\alpha)}A\mathrm{d}x_1 - \left\langle\int_0^X k^{(\alpha)}A\mathrm{d}x_1\right\rangle - k^{(\alpha)}\langle A\rangle\right) \quad (4.50)$$

至此，利用变分渐近法得到未知周期性函数 χ_i 的解，将其代入应变能方程（式 (4.15)），即可得到等效板的能量表达式。

4.3　等效板模型

为了建立与原波纹板等效的板模型，需推导与原波纹板尽可能接近的等效板能量和局部场重构关系。

4.3.1　等效板能量

联立式 (4.37) 和式 (4.38) 计算 J_1，有

$$J_1 = \left\langle Gt\sqrt{d^{(\alpha)}}\left(1+\nu\right)\left(\frac{c_1}{\sqrt{d^{(\alpha)}}}\right)^2 + \frac{Gt^3}{12}\sqrt{d^{(\alpha)}}\left(1+\nu\right)\left(c_1\frac{12x_3}{t^2}+c_4\right)^2\right\rangle \tag{4.51}$$

将式 (4.46) 和式 (4.49) 代入式 (4.48)，并沿 RSE 长度上积分得到

$$u_{1,1}+\nu u_{2,2} = \frac{12L}{t^2}c_1\left\langle k^{(\alpha)}A\right\rangle + c_1\left\langle\frac{1}{\sqrt{d^{(\alpha)}}}\right\rangle \tag{4.52}$$

因此，有

$$c_1 = \left(u_{1,1}+\nu u_{2,2}\right)/C \tag{4.53}$$

式中

$$C = 12\left\langle k^{(\alpha)}A\right\rangle\frac{L}{t^2}+\left\langle\frac{1}{\sqrt{d^{(\alpha)}}}\right\rangle \tag{4.54}$$

将式 (4.42) 和式 (4.53) 代入式 (4.51)，得到

$$J_1 = \left(u_{1,1}+\nu u_{2,2}\right)^2 G\left(1+\mu\right)\frac{1}{C^2}\left(t\left\langle\frac{1}{\sqrt{d^{(\alpha)}}}\right\rangle + \frac{12}{t}L\left\langle k^{(\alpha)}A\right\rangle\right)$$
$$+\left(u_{3,11}+\nu u_{3,22}\right)^2 Gt\left(1+\mu\right)\left\langle\frac{1}{\sqrt{d^{(\alpha)}}}\right\rangle \tag{4.55}$$

式 (4.17) 可改写为

$$J_2 = \frac{Gt}{2}\left\langle\frac{1}{\sqrt{d^{(\alpha)}}}\left(\left(2\varepsilon_{12}\right)^2 + \frac{t^2}{12}\left(2\sqrt{d^{(\alpha)}}u_{3,12}\right)^2\right)\right\rangle \tag{4.56}$$

式 (4.22) 和式 (4.23) 代入式 (4.56)，得到

$$J_2 = \left(u_{1,2}+u_{2,1}\right)^2\frac{Gt}{2\left\langle\sqrt{d^{(\alpha)}}\right\rangle} + u_{3,12}^2\frac{Gt^3}{6}\left\langle\sqrt{d^{(\alpha)}}\right\rangle \tag{4.57}$$

由于 J_3 与 χ_i 不相关，因此有

$$J_3 = \left\langle Gt\sqrt{d^{(\alpha)}}\left(1+\nu\right)\varepsilon_{22}^2 + \frac{Gt^3}{12}\sqrt{d^{(\alpha)}}\left(1+\nu\right)\kappa_{22}^2 \right\rangle \tag{4.58}$$

将式(4.11)中的 ε_{22} 和式(4.14)中的 κ_{22} 代入式(4.58)，得到

$$J_3 = \nu_{2,2}^2 Gt(1+\nu)\left\langle \sqrt{d^{(\alpha)}} \right\rangle + \nu_{3,22}^2 Gt(1+\nu)\left(\left\langle \sqrt{d^{(\alpha)}} x_3^2 \right\rangle + \frac{t^2}{12}\left\langle \frac{1}{\sqrt{d^{(\alpha)}}} \right\rangle \right) \tag{4.59}$$

将式(4.55)、式(4.57)和式(4.59)代入式(4.15)，应变能改写为矩阵形式，即

$$J = \frac{1}{2}\begin{Bmatrix} \varepsilon_{xx} \\ 2\varepsilon_{xy} \\ \varepsilon_{yy} \\ \kappa_{xx} \\ 2\kappa_{xy} \\ \kappa_{yy} \end{Bmatrix}^{\mathrm{T}} \begin{bmatrix} A_{11} & 0 & A_{13} & B_{11} & 0 & B_{13} \\ 0 & A_{22} & 0 & 0 & B_{22} & 0 \\ A_{13} & 0 & A_{33} & B_{13} & 0 & B_{33} \\ B_{11} & 0 & B_{13} & D_{11} & 0 & D_{11} \\ 0 & B_{22} & 0 & 0 & D_{22} & 0 \\ B_{13} & 0 & B_{33} & D_{11} & 0 & D_{33} \end{bmatrix} \begin{Bmatrix} \varepsilon_{xx} \\ 2\varepsilon_{xy} \\ \varepsilon_{yy} \\ \kappa_{xx} \\ 2\kappa_{xy} \\ \kappa_{yy} \end{Bmatrix} \tag{4.60}$$

并定义

$$\begin{aligned} &\varepsilon_{xx} = u_{1,1}, \quad \varepsilon_{yy} = u_{2,2}, \quad 2\varepsilon_{xy} = u_{1,2} + u_{2,1} \\ &\kappa_{xx} = -u_{3,11}, \quad \kappa_{yy} = -u_{3,22}, \quad \kappa_{xy} = -u_{3,12} \end{aligned} \tag{4.61}$$

等效刚度为

$$\begin{aligned} &A_{11} = \frac{E}{1-\nu^2}\frac{12L\left\langle k^{(\alpha)} A \right\rangle}{tC^2} + \frac{Et}{1-\nu^2}\left\langle \frac{1}{\sqrt{d^{(\alpha)}}} \right\rangle\frac{1}{C^2}, \quad A_{13} = \nu A_{11} \\ &A_{22} = Gt\frac{1}{\left\langle \sqrt{d^{(\alpha)}} \right\rangle}, \quad A_{33} = Et\left\langle \sqrt{d^{(\alpha)}} \right\rangle + \nu^2 A_{11} \\ &D_{11} = \frac{Et^3}{12\left(1-\nu^2\right)}\frac{1}{\left\langle \sqrt{d^{(\alpha)}} \right\rangle}, \quad D_{13} = \nu D_{11} \\ &D_{22} = \frac{Gt^3}{12}\left\langle \sqrt{d^{(\alpha)}} \right\rangle, \quad D_{33} = Et\left\langle x_3^2\sqrt{d^{(\alpha)}} \right\rangle + \frac{Et^3}{12}\left\langle \frac{1}{\sqrt{d^{(\alpha)}}} \right\rangle + \nu^2 D_{11} \end{aligned} \tag{4.62}$$

4.3.2　重构关系

联立式(4.9)～式(4.11)和式(4.12)～式(4.14)，得到局部应变场为

$$\begin{cases} \varepsilon_{11} = c_1\sqrt{d^{(\alpha)}} - \nu d^{(\alpha)}\left(\varepsilon_{yy} + x_3\kappa_{yy}\right) \\[2mm] 2\varepsilon_{12} = 2\dfrac{\sqrt{d^{(\alpha)}}}{\left\langle\sqrt{d^{(\alpha)}}\right\rangle}\varepsilon_{xy} \\[2mm] \varepsilon_{22} = \varepsilon_{yy} + x_3\kappa_{yy} \\[2mm] \kappa_{11} = -d^{(\alpha)}\left(\dfrac{\left(\kappa_{xx} + \nu\kappa_{yy}\right)}{\left\langle\sqrt{d^{(\alpha)}}\right\rangle} - \dfrac{12}{t^2}c_1 x_3 - \dfrac{1}{\sqrt{d^{(\alpha)}}}\nu\kappa_{yy}\right) \\[2mm] 2\kappa_{12} = -2\sqrt{d^{(\alpha)}}\kappa_{xy} \\[2mm] \kappa_{22} = -\dfrac{1}{\sqrt{d^{(\alpha)}}}\kappa_{yy} \end{cases} \tag{4.63}$$

应力合力 N 可以通过与式 (4.15) 应变能相应的本构关系重构为

$$N = D\varUpsilon \tag{4.64}$$

式中

$$N = \begin{bmatrix} N_{11} & N_{12} & N_{22} & M_{11} & M_{12} & M_{22} \end{bmatrix}^{\mathrm{T}}, \quad \varUpsilon = \begin{bmatrix} \varepsilon_{11} & 2\varepsilon_{12} & \varepsilon_{22} & \kappa_{11} & 2\kappa_{12} & \kappa_{22} \end{bmatrix}^{\mathrm{T}}$$

$$\boldsymbol{D} = \begin{bmatrix} \dfrac{Et}{(1-\nu^2)\sqrt{d^{(\alpha)3}}} & 0 & \dfrac{Et\nu}{(1-\nu^2)\sqrt{d^{(\alpha)3}}} & 0 & 0 & 0 \\[4mm] 0 & \dfrac{Et}{2(1+\nu^2)\sqrt{d^{(\alpha)}}} & 0 & 0 & 0 & 0 \\[4mm] \dfrac{Et\nu}{(1-\nu^2)\sqrt{d^{(\alpha)}}} & 0 & \dfrac{Et\sqrt{d^{(\alpha)}}}{1-\nu^2} & 0 & 0 & 0 \\[4mm] 0 & 0 & 0 & \dfrac{Et^3}{24(1+\nu)\sqrt{d^{(\alpha)}}} & 0 & \dfrac{Et^3\nu}{12(1-\nu^2)\sqrt{d^{(\alpha)}}} \\[4mm] 0 & 0 & 0 & 0 & \dfrac{Et^3}{24(1+\nu)\sqrt{d^{(\alpha)}}} & 0 \\[4mm] 0 & 0 & 0 & \dfrac{Et^3\nu}{12(1-\nu^2)\sqrt{d^{(\alpha)}}} & 0 & \dfrac{Et^3\nu\sqrt{d^{(\alpha)}}}{12(1-\nu^2)} \end{bmatrix}$$

根据壳体理论和三维弹性理论的关系，可以进一步得到三维局部应力场。至此，利用变分渐近法通过对波纹板能量泛函各分项的渐近求解，得到周期性函数解析解和局部场重构关系，从而构建与原波纹板等效的板模型。总结归纳起来，波纹板的均匀化和局部化流程图如图 4.4 所示。

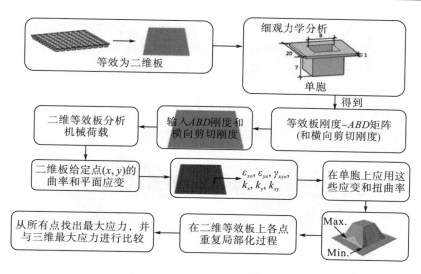

图 4.4 波纹板的均匀化和局部化流程图

4.4 验证算例

4.4.1 单周期梯形波纹板分析

该算例最初来自 Samanta 和 Mukhopadhyay(1999),并在 Xia 等(2012)中引用。描述该梯形波纹中面的参数为: $L = 0.1016\text{m}$, $H = 0.0127\text{m}$, $t = 0.00635\text{m}$, $\theta = 45°$,材料特性为 $E = 21\text{GPa}$, $\nu = 0.3$。

表 4.1 是使用不同方法得到的梯形波纹等效板刚度。梯形波纹可视为 Xia 等 (2012)所研究波纹的特例,所得结果可作为本次研究的基准。从表 4.1 中可以看出,本书方法获得的结果与 VAPAS 和 Xia 等预测的结果有很好的一致性。

表 4.1 梯形波纹的等效板刚度

	Xia 等	VAPAS	本书方法
$A_{11}/(10^6\text{MN/m})$	4.289	4.118	4.150
$A_{13}/(10^6\text{MN/m})$	1.287	1.235	1.245
$A_{22}/(10^6\text{MN/m})$	42.489	43.297	42.489
$A_{33}/(10^6\text{MN/m})$	161.354	161.338	161.479
$D_{11}/(\text{N}\cdot\text{m})$	407.917	414.865	407.917
$D_{13}/(\text{N}\cdot\text{m})$	122.375	124.844	122.375
$D_{22}/(\text{N}\cdot\text{m})$	208.032	210.328	208.033
$D_{13}/(\text{N}\cdot\text{m})$	16824	16588	16251

为验证得到的等效板刚度，在 ABAQUS 中建立含九个梯形波纹的三维模型和等效板模型，承受均布载荷 100Pa。为去除刚体运动，除了约束板四边面外运动外，同时也对四边的面内位移进行约束。等效板模型和三维模型网格划分如图 4.5 所示。等效板模型总共需要 2459 个壳单元(S8R5)，而三维模型需要 362408 个实体单元(C3D20R)。

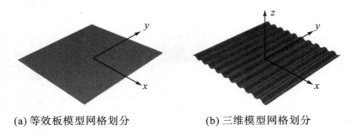

(a) 等效板模型网格划分   (b) 三维模型网格划分

图 4.5   等效板模型和三维模型的网格划分

图 4.6 是使用等效板模型、三维模型得到的沿梯形波纹钢板中心线变形，并与 Aoki 和 Maysenholder 实测数据进行比较。由图可看出，等效板模型预测的变形与三维有限元和 Aoki 和 Maysenholder 实测数据结果吻合性较好，验证了构建模型精度较高可靠性。

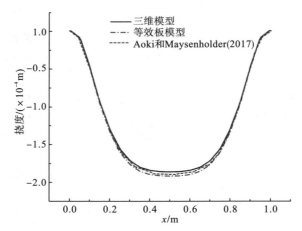

图 4.6   沿梯形波纹钢板中心线变形比较

分别以 RSE 长度 L、板高度 H、板厚 t 为变量，将等效板模型模拟的跨中最大挠度与三维模型结果进行比较，如表 4.2～表 4.4 所示。可以看出，等效板模型给出的解与三维模型结果一致性很好。随着长度 L 的增大，梯形凹凸越来越稀疏，凹凸组合特性更加不明显，误差呈增大趋势；随着高度 H 的增大，梯形波纹板的薄板特性越不明显，误差随之增大。随着板厚 t 的增加，梯形波纹板构造正交异性特性越不明显，故计算误差随之增大。

表 4.2　长度 L 对等效板模型精度的影响

梯形波纹板几何参数			三维模型 /mm	等效板模型 /mm	误差 /%
L /m	H /m	t /m			
0.07	0.0125	0.006	0.060	0.062	3.33
0.08	0.0125	0.006	0.083	0.086	3.61
0.09	0.0125	0.006	0.127	0.133	4.72
0.10	0.0125	0.006	0.208	0.220	5.77

表 4.3　高度 H 对等效板模型精度的影响

梯形波纹板几何参数			三维模型 /mm	等效板模型 /mm	误差 /%
L /m	H /m	t /m			
0.10	0.01	0.006	0.268	0.276	2.99
0.10	0.0125	0.006	0.186	0.194	4.30
0.10	0.013	0.006	0.175	0.183	4.57
0.10	0.014	0.006	0.156	0.164	5.13

表 4.4　板厚 t 对等效板模型精度的影响

梯形波纹板几何参数			三维模型 /mm	等效板模型 /mm	误差 /%
L /m	H /m	t /m			
0.10	0.0125	0.006	0.186	0.192	3.23
0.10	0.0125	0.009	0.118	0.122	3.39
0.10	0.0125	0.012	0.080	0.084	5.00
0.10	0.0125	0.016	0.051	0.054	5.88

重构沿比较路径的平面应力 σ_{11}、σ_{12}、σ_{22} 分布，并与三维模型计算结果进行对比，如图 4.7 所示。由图可看出，构建模型预测的应力与三维模型吻合较好，仅在板中点最大应力处，由于等效关系，二者存在一定偏差。

计算效率方面，等效板模型在进行弯曲行为分析时比三维模型更省时，等效板模型仅需 40s，而三维模型分析需要 18min。总之，与三维模型相比，等效板模型显著减少了计算量，但仍能达到较高的精度。

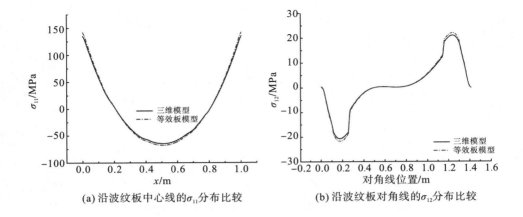

(a) 沿波纹板中心线的σ_{11}分布比较　　　　(b) 沿波纹板对角线的σ_{12}分布比较

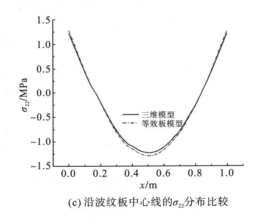

(c) 沿波纹板中心线的σ_{22}分布比较

图 4.7　沿梯形波纹钢板中心线的平面应力分布比较

4.4.2　双周期梯形波纹板屈曲分析

本节以双周期梯形波纹板屈曲分析为例，基于变分渐近法得到的等效刚度，采用线性屈曲分析求解梯形波纹板三维实体模型和二维等效板模型的屈曲模态和临界特征值。表 4.5 给出了三维实体模型和二维等效板模型前 6 阶屈曲模态和临界载荷比较。

表 4.5　三维实体模型和二维等效板模型前 6 阶屈曲模态和临界载荷比较

模态阶数	三维实体模型		二维等效板模型		误差 /%
	屈曲模态	临界载荷/kN	屈曲模态	临界载荷/kN	
1		790		796	0.76
2		2965		2966	0.03
3		3064		3134	2.28
4		7294		7304	0.14
5		7763		8035	3.50
6		9627		9843	2.24

由表 4.5 可以看出，二维等效板模型的全局屈曲模态和三维实体模型的计算结果基本一致，随着屈曲模态阶数的增加，误差整体出现增大的趋势，原因在于等效板模型的屈曲模态受屈曲波长的影响。但是屈曲临界值误差整体较小（最大为 3.50%），表明利用二维等效板模型进行屈曲分析具有较高的精确性和有效性。

表 4.6 是三维实体模型和二维等效板模型计算效率对比。三维实体模型需要 149300 个 C3D10 单元，计算时间为 512s；而二维等效板模型计算只需要 71s，二维等效板模型需要的单元数远小于三维实体模型，计算时间也大大缩减，同时计算精度满足工程要求（误差小于 0.5%）。

表 4.6　三维实体模型和二维等效板模型计算效率对比

模型		单元类型	单元数	节点数	时间/s		屈曲分析时间/s
三维实体模型		C3D10	149300	299019	512		877
二维等效板模型	单胞均匀化	C3D10	10478	21065	32.6		
	二维板分析	S3	5760	2961	6	71	9
	局部化	C3D10	10478	21065	32.4		

经过上述讨论分析可知,利用多尺度变分渐近法将波纹板等效为均质等厚的正交各向异性薄板进行屈曲分析具有较好的吻合性。下面分析不同边界条件对双周期梯形波纹板屈曲模态的影响。

图 4.8 是板结构 6 种典型的边界条件组合,分别为四边固支(CCCC)、两边固支两边简支(CCSS、CSCS)、一边固结三边简支(CSSS)、四边简支(SSSS)、两边自由两边固支(FFCC),其中 S 表示简支约束,C 表示固定约束,F 表示自由。

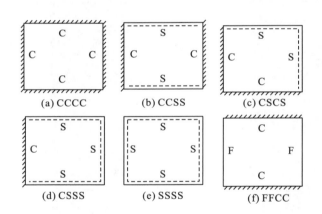

图 4.8　板结构 6 种典型的边界条件组合

表 4.7 是不同模型计算的各边界条件下临界屈曲载荷和对应的屈曲模态,当边界条件使结构变"硬"时(如固支边界),临界屈曲载荷会逐渐增加。CCCC 边界下屈曲载荷(790N)是 SSSS 边界条件屈曲载荷(455N)的 2 倍,CCSS 和 CSCS 边界的临界屈曲载荷(614N 和 596N)相差不大,但由于 CSCS 边界的不对称性导致屈曲模态出现不对称现象。

在各种边界条件下临界屈曲载荷误差都控制在 5%以内,因此三维实体模型和二维等效板模型在预测的临界屈曲载荷和屈曲模态上有很好的一致性。

表 4.7　不同模型计算的各边界条件下临界屈曲载荷和对应的屈曲模态

边界条件	三维实体模型		二维等效板模型		误差/%
	屈曲模态	临界屈曲载荷/kN	屈曲模态	临界屈曲载荷/kN	
CCCC	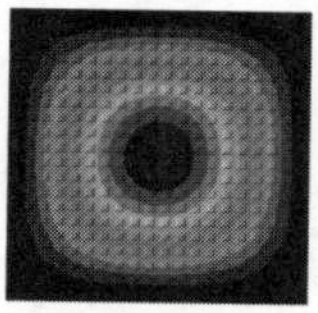	790	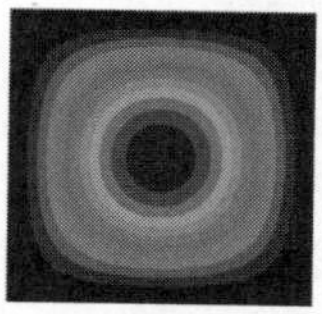	796	0.76
CCSS	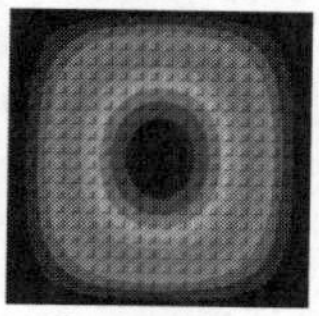	614	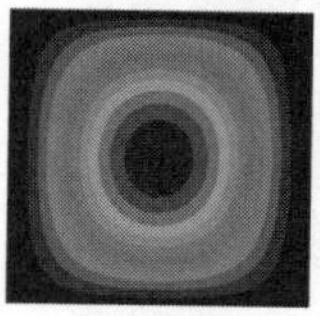	634	3.26
CSCS	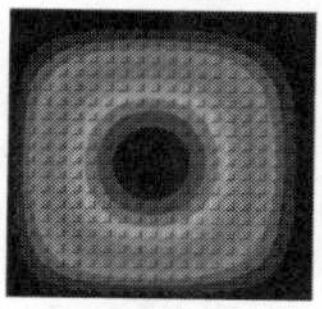	596	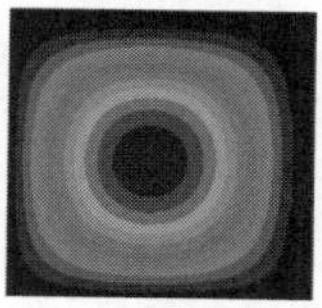	606	1.68
CSSS	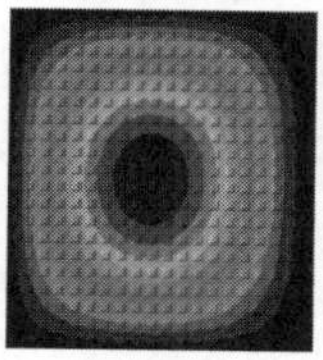	524	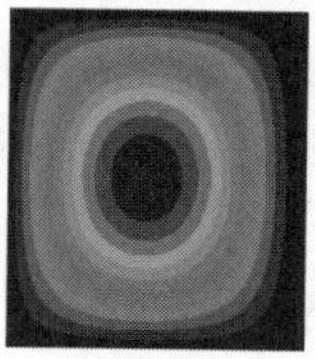	540	3.05
SSSS	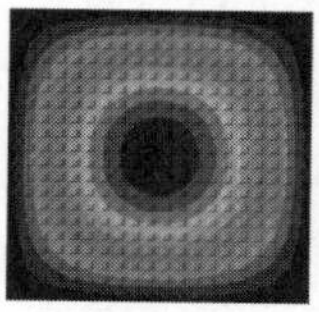	455	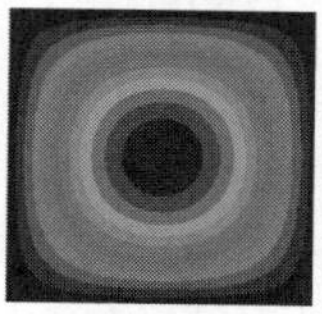	468	2.86
FFCC		109	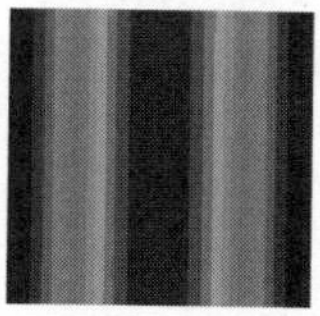	114	4.59

　　选取板中点为重构点，利用二维等效板模型分析得到的该点全局位移和应变分量进行局部场重构，得到 RSE 内重构的局部位移分布如图 4.9 所示。

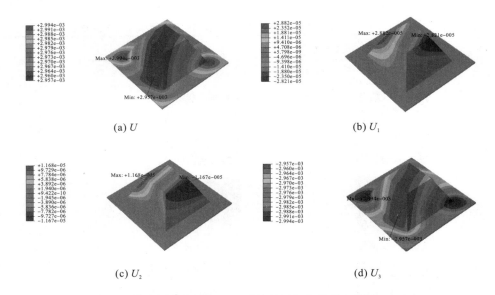

(a) U

(b) U_1

(c) U_2

(d) U_3

图 4.9   波纹板中点处 RSE 内重构的局部位移分布(单位:m)

由图 4.9 可以得到,在梯形凸起的顶点处出现极值,RSE 突起的对称点位移 U_1、U_2 呈现相反的变化,即某点位移为正值时其对角点为负值。经过如图 4.9(d) 所示凸起位置,位移会发生突变,随后会保持平板的位移变化特征趋势。重构 RSE 的 U_3 最大位移(−2.994mm)与三维实体整体模型的计算值(−2.982mm)的误差仅为 0.490,说明重构的 RSE 内局部位移是有效的。

图 4.10 是双周期梯形波纹板板中点处 RSE 内重构的局部应力分布。可以看出,在发生应变时,梯形 RSE 结构和普通平板的差别在于梯形波纹板的应力分布不均匀,凸起没有完全承受载荷,平板和凸起的相交处出现最值,应力在平板和凸起的相交处变化比较明显。σ_{11} 和 σ_{22} 在凸起位置有明显应力增大现象且均为负值。σ_{33} 沿平板基本保持不变,但是在交点处出现应力突变,合理解释了在交点处应力先破坏的现象。由上述分析可知,构建模型解决了目前大多数简化模型无法准确预测局部应力场分布的不足。

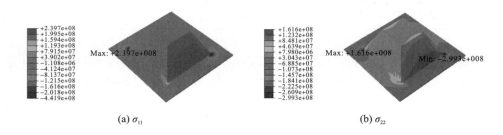

(a) σ_{11}

(b) σ_{22}

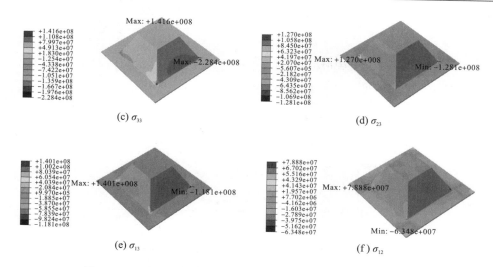

$$(c)\ \sigma_{33} \qquad\qquad (d)\ \sigma_{23}$$

$$(e)\ \sigma_{13} \qquad\qquad (f)\ \sigma_{12}$$

图 4.10　波纹板中点处 RSE 内重构的局部应力分布（单位：Pa）

　　图 4.11 是原结构 RSE 和重构 RSE 局部场应力分布对比。图 4.12 是沿单胞 x 方向的 Mises 应力分布曲线，以进行定量比较。结合图 4.11 和图 4.12 可以看出，重构 RSE 和原结构 RSE 的应力分布整体保持一致，最大误差 10% 出现在凸起处，主要原因是不同模型网格划分不同，重构 RSE 的局部应力取相邻节点应力的平均值。同时所选 RSE 应力曲线的分布与等效板的趋势相一致，且能更准确地捕捉到应力集中位置。

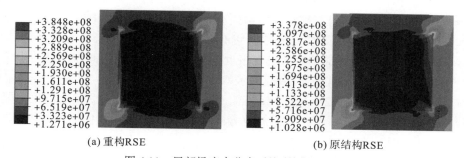

$$(a)\ 重构RSE \qquad\qquad (b)\ 原结构RSE$$

图 4.11　局部场应力分布对比（单位：Pa）

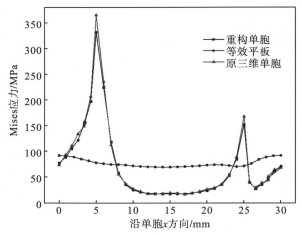

图4.12 沿单胞 x 方向1的 Mises 应力分布曲线

4.5 本 章 小 结

基于变分渐近法构建分段直波纹结构的等效板模型。只要壳体厚度相对波纹尺寸很小，该理论可处理一般波纹形状，不仅能提供完整的有效板刚度，与现有波形板等效建模方法相比，还能提供完整的重构关系以得到波纹板内的局部场。主要结论如下：

(1)提供包括拉弯耦合刚度在内的完整等效板刚度解析方程，这些公式对于沿一个方向波纹变化的任何波纹状壳体都是有效的。将得到的等效刚度应用于不同几何参数下波纹板的弯曲性能分析中，可有效减少计算量和节省计算资源。

(2)基于构建模型计算的等效刚度接近于结构物理刚度，与其他文献结果相一致。沿波纹方向的拉伸刚度 A_{11} 和垂直波纹方向的拉伸刚度 A_{33} 与 D_{33} 存在很大的差异(后者通常大于前者 $2\sim3$ 个数量级)，主要原因是垂直波纹方向的弯矩主要由沿板厚度分布的膜应力平衡，而沿波纹方向的拉伸位移主要是由波纹结构的弯曲而不是平面拉伸引起的。

(3)根据弯曲行为重构的应力场与三维模型计算结果相一致，仅在板中点最大应力处，由于等效关系，二者存在一定偏差，证明构建模型精度有较高的可靠性。

主要参考文献

狄谨, 周绪红, 孔祥福, 等, 2009. 波形钢腹板预应力混凝土组合箱梁试验[J]. 长安大学学报(自然科学版), 29(5):64-70.

冯琨程, 陈国平, 2013. 金属波纹夹层板力学性能等效的有限元分析方法[C]// 中国力学大会, 西安, 156-159.

高轩能, 吴丽丽, 朱皓明, 2005. 受压波纹板组局部相关屈曲特性研究[J]. 建筑结构学报, 26(1):39-44.

郭锐, 张钱城, 金峰,等, 2013. 梯形波纹夹层板均匀化等效模型与仿真[C]//中国力学大会, 西安, 271-278.

李国强, 罗小丰, 孙飞飞, 等, 2012. 波纹腹板焊接 H 型钢疲劳性能试验研究[J]. 建筑结构学报, 33 (1):96-103.

王远, 臧勇, 管奔,等, 2018. 基于单胞有限元的波纹板等效刚度特性[J]. 北京航空航天大学学报, 44(6):1230-1238.

吴存利, 段世慧, 孙侠生, 2008. 复合材料波纹板刚度工程计算方法及其在结构分析中的应用[J]. 航空学报, 29(6):1570-1575.

张倩, 吴存利, 2009. 波纹板和开口腹板刚度等效计算程序设计及实现[J]. 结构强度研究, (4):45-49.

张铁亮, 丁运亮, 金海波, 2011. 蜂窝夹层板结构等效模型比较分析[J]. 应用力学学报, 28(3):275-282.

Aoki Y, Maysenholder W, 2017. Experimental and numerical assessment of the equivalent-orthotropic-thin-plate model for bending of corrugated panels [J]. International Journal of Solids and Structures, 108(9):11-23.

Bartolozzi G, Pierini M, Orrenius U, et al. 2013. An equivalent material formulation for sinusoidal corrugated cores of structural sandwich panels [J]. Composite Structures, 100(5):173-185.

Berdichevskii V L, 1979. Variational-asymptotic method of constructing a theory of shells: PMM[J]. Journal of Applied Mathematics and Mechanics, 43(4): 711-736.

Briassoulis D, 1986. Equivalent orthotropic properties of corrugated sheets [J]. Computers & Structures, 23(2):129-138.

Hajali R, Choi J, Wei B, et al. 2009. Refined nonlinear finite element models for corrugated fiberboards[J]. Composite Structures, 87(4):321-333.

Samanta A, Mukhopadhyay M, 1999. Finite element static and dynamic analyses of folded plates[J]. Engineering Structures, 21(3):277-287.

Talbi N, Batti A, Ayad R, 2009. An analytical homogenization model for finite element modelling of corrugated cardboard[J]. Composite Structures, 88(2):280-289.

Thill C, Etches J A, Bond I P, et al, 2010. Composite corrugated structures for morphing wing skin applications[J]. Smart Materials and Structures, 19(12):124-133.

Viguié J, Dumont P J, Orgéas L, et al, 2011. Surface stress and strain fields on compressed panels of corrugated board boxes: An experimental analysis by using digital image stereocorrelation [J]. Composite Structures, 93(11):2861-2873.

Xia Y, Friswell M I, Flores E I S, 2012. Equivalent models of corrugated panels[J]. International Journal of Solids and Structures, 49(13):1453-1462.

第5章 复合材料夹芯板有效性能的多尺度模型

随着材料技术的发展，一般的金属结构已不能完全满足工业快速发展的需要。研究人员开始研究性能更加优异的新材料和新结构。由于这些性能优异的复合材料的发展和新设计方法的出现，传统的板壳结构根据不同的性能要求有了更多新颖的结构设计方案。其中之一是夹芯板结构，由上、下面层和面层之间的中间芯层用环氧树脂膜黏结在一起形成。夹芯板因其较高的强度比/刚度比和优异的减震能力而受到广泛关注。面层一般由复合材料层合板制成，可承受较大的弯曲载荷，中间芯层由多孔材料或蜂窝结构制成，可承受大部分的横向剪切载荷。近年来，大量学者研究了各种典型的中间核心层的力学性能，如金属泡沫、金属蜂窝和复合蜂窝。由于蜂窝芯层在制造、性能、成本等方面具有明显的优势，在船舶、汽车、航空航天等领域得到了广泛的应用。作为工程应用中的常见结构材料，准确掌握复合材料夹芯板的有效性能更利于在实际应用中提供有效安全保障。

作为夹层板芯层的轻质结构通常具有周期性的微观结构，即轻质结构在平面上呈周期性分布，其周期尺度远小于结构的宏观尺度，因此可以认为其在宏观尺度上是均匀的。为了预测这些结构的等效性质，各国学者提出了工程法、代表性体积单元法和变分渐近法。

工程法仅适用于蜂窝板和波纹板的简单几何形状。Scarpa 等(2000)和 Grima 等(2011)研究了负泊松比凹六边形蜂窝的等效刚度，提出了一种考虑有限厚度影响的修正解析模型。Xia 等(2012)基于能量守恒法得到了波纹结构的等效刚度。Malek 和 Gibson(2015)预测了六边形蜂窝板的面内弹性模量，并根据基尔霍夫假设的面内弹性模量计算了弯曲刚度。

代表性体积单元法操作简单，力学概念清晰。在变形过程中，代表性体积单元应满足变形协调性和应力连续性的要求。Sankar 和 Marrey(1993)修正了三维材料的边界条件，实现了具有周期性布局特征的板力学性能分析。Grima 等(2011)对边界条件的数学表达式和有限元实现进行了研究。对于板结构，该方法需要在六个方向上释放不同的约束。Hui 等(2019)首次将多尺度有限元法与 Carreras 统一公式相结合，对复合梁结构进行了数值模拟，大大提高了计算效率，并广泛应用于蜂窝、折纸等结构的负泊松比研究，但代表性体积单元法并非基于严格的数学理论，只能提供等效性能的近似估计。

变分渐近法是预测周期材料等效弹性性质的一种通用方法。该方法有严格的数学公式推导，在最小能量原理下，通过对能量泛函的渐近分析，可以计算出材料的等效弹性性能。彭伟斌等(2001)通过应用最小势能原理和能量变分法建立了复合材料夹芯板的稳定性控制方程。Wen(2011)基于变分渐近法得到的等效刚度推导出有限元公式，并将其应用于各种轻质结构如纤维复合材料、蜂窝结构和复合板的等效弹性性能分析。杨坤等(2012)基于 Kelvin 黏弹性芯材本构特征模型，推导了复合材料夹芯板的动力学控制方程，给出了四边简支正交对称铺层表层夹芯板的固有频率和结构损耗因子解析解。

随着蜂窝等周期结构的广泛应用，航空航天、土木工程和机械等领域经常需要具有较强力学性能和物理性能的负泊松比效应(negative Poisson's ratio, NPR)。NPR 指结构或材料沿纵向受拉(压缩)时沿横向的膨胀(压缩)，可以通过设计单元的几何参数和初始材料的性能来实现。内凹六边形是在负泊松比材料中常使用的一种结构单元，并且也被研究得最为广泛，研究其力学性能是很有价值的。Yang等(2003)利用弹性理论推导了二维三角形单元的有限元格式，用于分析小尺度负泊松比复合材料蜂窝结构的力学性能。除中间芯层外，复合材料的材料性能和面板的叠层结构对复合材料夹芯板等效板性能的影响不容忽视。

本章基于变分渐近法(精确性和系统性)和渐近法(渐近收敛到精确解)的优点，建立预测复合材料夹层板有效性能的多尺度模型。它是一种通用的均匀化方法，包括渐近分析非均匀材料或结构的变分表达式，并求解控制代表性结构单元响应的简化泛函方程。

5.1　基于变分渐近法的复合材料夹芯板多尺度建模

根据复合材料夹芯板的几何特性，分析可分为两部分：①基于材料 RSE 的复合材料均匀化分析，以得到有效材料属性；②基于结构 RSE 的复合材料夹芯板等效力学分析，得到整个结构的有效板刚度。复合材料夹芯板的多尺度分析流程如图 5.1 所示，包括细观和介观尺度均匀化、宏观结构分析和局部化三个步骤。

5.1.1　基于材料 RSE 的复合材料均匀化分析

首先，基于材料 RSE，采用变分渐近法对面板的复合材料进行均匀化，如图5.2 所示。原非均质复合材料的运动学可以用体积平均值和差表示为

$$u_i(y;z) = v_i(y) + \eta w_i(y;z) \tag{5.1}$$

式中，u_i、v_i 分别为原非均质复合材料和均质材料的位移；$\boldsymbol{y}=(y_1,y_2,y_3)$、$\boldsymbol{z}=(z_1,z_2,z_3)$ 分别为介观坐标系和细观坐标系；w_i 表示 u_i 与 v_i 之差的波动函数。

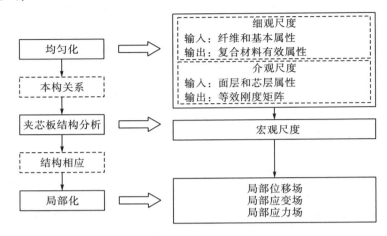

图 5.1　复合材料夹芯板多尺度分析流程图

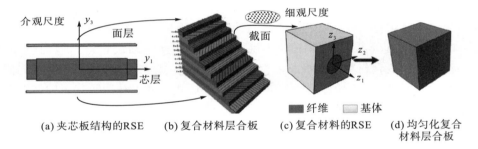

(a) 夹芯板结构的RSE　(b) 复合材料层合板　(c) 复合材料的RSE　(d) 均匀化复合材料层合板

图 5.2　复合材料夹芯板 RSE 模型示意图

原非均质复合材料的应变场可以写成

$$\varepsilon_{ij}(\boldsymbol{y};\boldsymbol{z})=\frac{1}{2}\left[\frac{\partial u_i(\boldsymbol{y};\boldsymbol{z})}{\partial y_j}+\frac{\partial u_j(\boldsymbol{y};\boldsymbol{z})}{\partial y_i}\right]=\overline{\varepsilon}_{ij}+w_{i|j}+\eta w_{i,j} \tag{5.2}$$

式中，$\overline{\varepsilon}_{ij}=\frac{1}{2}\left(\dfrac{\partial v_i}{\partial y_j}+\dfrac{\partial v_j}{\partial y_i}\right)$ 为均质体的应变场；$w_{i|j}=\frac{1}{2}\left(\dfrac{\partial w_i}{\partial z_j}+\dfrac{\partial w_j}{\partial z_i}\right)$。

均质材料的运动学变量可根据非均质复合材料定义为

$$v_i=\frac{1}{\Omega}\int_{\Omega}u_i\mathrm{d}\Omega\equiv\langle u_i\rangle,\quad \overline{\varepsilon}_{ij}=\langle\varepsilon_{ij}\rangle \tag{5.3}$$

式中，$\langle\cdot\rangle$ 为材料 RSE 域上的体积平均值。

式(5.3)意味着波动函数需满足下列约束：

$$\langle w_i \rangle = 0, \quad \langle w_{i|j} \rangle = 0 \tag{5.4}$$

基于最小化非均质复合材料和均质材料之间的应变能损失, 得到

$$\delta J = \delta \left(\Pi_{\text{micro}} - \Pi_{\text{macro}} - \lambda_{kl} \langle w_{k|l} \rangle - \lambda_i \langle w_i \rangle \right) = 0 \tag{5.5}$$

式中, $\Pi_{\text{micro}} = \langle C_{ijkl} \varepsilon_{ij} \varepsilon_{kl} \rangle = \langle C_{ijkl} \left(\overline{\varepsilon}_{ij} + w_{i|j} \right) \left(\overline{\varepsilon}_{kl} + w_{k|l} \right) \rangle$, $\Pi_{\text{macro}} = \langle \overline{C}_{ijkl} \overline{\varepsilon}_{ij} \overline{\varepsilon}_{kl} \rangle$, C_{ijkl} 是四阶弹性张量; λ_{kl}、λ_i 是拉格朗日乘数, 用于实现式 (5.4) 中的约束。

最小化均质模型恒定 (即 C^*_{ijkl}、$\overline{\varepsilon}_{ij}$ 不变)。χ_i 可以由如下变分表达式求得:

$$\min_{\chi_i \in \vec{\varepsilon}(5.4)} \left\langle \frac{1}{2} C_{ijkl} \varepsilon_{ij} \varepsilon_{kl} \right\rangle = \min_{\chi_i \in \vec{\varepsilon}(5.4)} \left\langle \frac{1}{2} C_{ijkl} \left(\overline{\varepsilon}_{ij} + \chi_{(i,j)} \right) \left(\overline{\varepsilon}_{kl} + \chi_{(k,l)} \right) \right\rangle \tag{5.6}$$

引入 $\overline{\varepsilon} = \begin{bmatrix} \overline{\varepsilon}_{11} & \overline{\varepsilon}_{22} & \overline{\varepsilon}_{33} & 2\overline{\varepsilon}_{23} & 2\overline{\varepsilon}_{13} & 2\overline{\varepsilon}_{12} \end{bmatrix}$, $w = \begin{bmatrix} \chi_1 & \chi_2 & \chi_3 \end{bmatrix}$。式 (5.6) 中的泛函变分表达式可改写为如下矩阵形式:

$$U = \frac{1}{2} \left\langle \left(\Gamma_h w + \overline{\varepsilon} \right)^{\text{T}} C \left(\Gamma_h w + \overline{\varepsilon} \right) \right\rangle \tag{5.7}$$

式中

$$w = \begin{bmatrix} w_1 & w_2 & w_3 \end{bmatrix}^{\text{T}}, \quad \overline{\boldsymbol{\varepsilon}} = \begin{bmatrix} \overline{\varepsilon}_{11} & \overline{\varepsilon}_{22} & \overline{\varepsilon}_{33} & 2\overline{\varepsilon}_{23} & 2\overline{\varepsilon}_{13} & 2\overline{\varepsilon}_{12} \end{bmatrix}$$

$$\Gamma_h = \begin{bmatrix} \partial/\partial z_1 & 0 & 0 & 0 & \partial/\partial z_3 & \partial/\partial z_2 \\ 0 & \partial/\partial z_2 & 0 & \partial/\partial z_3 & 0 & \partial/\partial z_3 \\ 0 & 0 & \partial/\partial z_3 & \partial/\partial z_2 & \partial/\partial z_1 & 0 \end{bmatrix}^{\text{T}} 。$$

使用有限元法, 用定义在材料 RSE 上的形函数将 w 表示为

$$w(y_i; z_i) = S(z_i) N(y_i) \tag{5.8}$$

将式 (5.8) 代入式 (5.6), 得到如下离散形式的应变能泛函:

$$U = \frac{1}{2} \left(N^{\text{T}} D_{hh} N + 2N^{\text{T}} D_{h\varepsilon} \overline{\varepsilon} + \overline{\varepsilon}^{\text{T}} D_{\varepsilon\varepsilon} \overline{\varepsilon} \right) - \frac{1}{2} N^{\text{T}} \overline{D} N - \lambda D_{h\lambda}^{\text{T}} N \tag{5.9}$$

式中

$$D_{hh} = \left\langle \left(\Gamma_h S \right)^{\text{T}} C \left(\Gamma_h S \right) \right\rangle, \quad D_{h\varepsilon} = \left\langle \left(\Gamma_h S \right)^{\text{T}} C \right\rangle, \quad D_{\varepsilon\varepsilon} = \langle C \rangle, \quad D_{h\lambda} = \left\langle \Gamma_h S \right\rangle^{\text{T}} \tag{5.10}$$

约束条件下最小化式 (5.9) 中的应变能泛函, 得到如下线性系统:

$$D_{hh} N = -D_{h\varepsilon} \overline{\varepsilon} \tag{5.11}$$

由式 (5.11) 可得 N 与 $\overline{\varepsilon}$ 线性相关, 解可象征性地表示为

$$N = N_0 \overline{\varepsilon}, \quad w = S N_0 \overline{\varepsilon} \tag{5.12}$$

将式 (5.12) 代入式 (5.9), 可得存储在材料 RSE 内的应变能, 即

$$U = \frac{1}{2} \overline{\varepsilon}^{\text{T}} \left(2N_0^{\text{T}} D_{h\varepsilon} + N_0^{\text{T}} D_{hh} N_0 + D_{\varepsilon\varepsilon} \right) \overline{\varepsilon} \equiv \frac{\Omega}{2} \overline{\varepsilon}^{\text{T}} \overline{D} \overline{\varepsilon} \tag{5.13}$$

式中, $\overline{D}$ 为 6×6 有效刚度, 可用于宏观结构分析。

5.1.2 基于结构 RSE 的复合材料夹芯板多尺度建模

考虑图 5.3 所示的复合材料夹芯板。引入两组坐标：宏观坐标 x_i 和介观坐标 y_i。宏观坐标 x_i 描述原结构。板模型可表示为沿着参考面 x_1-x_2 定义的函数，x_3 消失［图 5.3(c)］。因为结构 RSE 的微观尺寸远小于板的宏观尺寸，使用介观坐标 $y_i = x_i / \eta$（η 为小参数）描述 RSE。在板的多尺度结构建模中，原非均匀结构的场函数通常可以写为全局坐标 x_α 和局部坐标 y_i 函数。函数 $f(x_\alpha; y_i)$ 的偏导数可以表示为

$$\frac{\partial f(x_\alpha; y_i)}{\partial x_\alpha} = \frac{\partial f(x_\alpha; y_i)}{\partial x_\alpha}\bigg|_{y_i = \text{const}} + \frac{1}{\eta}\frac{\partial f(x_\alpha; y_i)}{\partial x_\alpha}\bigg|_{x_\alpha = \text{const}} \equiv f_{,\alpha} + \frac{1}{\eta}f_{;i} \tag{5.14}$$

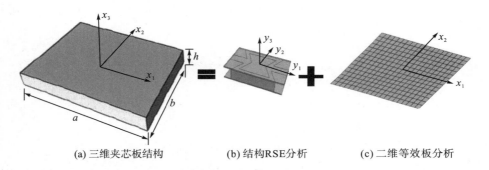

(a) 三维夹芯板结构   (b) 结构RSE分析   (c) 二维等效板分析

图 5.3   基于结构 RSE 的复合材料夹芯板多尺度分析

为将原复合材料夹芯板分解为结构 RSE 分析和二维等效板分析，需要用二维板变量表示原复合材料夹芯板的三维位移场，即

$$u_1(x_\alpha; y_i) = \underline{\overline{u}_1(x_1, x_2) - \eta y_3 \overline{u}_{3,1}(x_1, x_2)} + \eta w_1(x_\alpha; y_i)$$

$$u_2(x_\alpha; y_i) = \underline{\overline{u}_2(x_1, x_2) - \eta y_3 \overline{u}_{3,2}(x_1, x_2)} + \eta w_2(x_\alpha; y_i) \tag{5.15}$$

$$u_3(x_\alpha; y_i) = \underline{\overline{u}_3(x_1, x_2)} + \eta w_3(x_\alpha; y_i)$$

式中，u_i、$\overline{u}_i$ 分别表示原三维夹芯板和二维等效板模型的位移；w_i 为未知波动函数。下划线项可以理解为由板参考面变形 $\overline{u}_1(x_1, x_2)$ 引起的位移，需满足如下约束：

$$\overline{u}_1(x_1) = \frac{1}{h}\left(\langle u_1 \rangle + \langle \eta y_3 \rangle \overline{u}_{3,1}\right), \quad \overline{u}_2(x_2) = \frac{1}{h}\left(\langle u_2 \rangle + \langle \eta y_3 \rangle \overline{u}_{3,2}\right), \quad \overline{u}_3(x_\alpha) = \frac{1}{h}\langle u_3 \rangle \tag{5.16}$$

式中，$\langle \cdot \rangle$ 表示沿复合材料夹层板厚度的积分。

式 (5.16) 中没有引入先验假设（如常用的 Kirchhoff-Love 运动学假设），波动函数的引入可以描述复合材料夹芯板内各点所有可能的位移（包括不能通过 Kirchhoff-Love 模型表示的位移）。式 (5.16) 意味着波动函数受以下条件约束：

$$\langle w_i \rangle = 0 \tag{5.17}$$

三维翘曲函数对于复合材料夹芯板各层都有不同的函数形式。对于图 5.3 所示的典型复合材料夹芯板，约束采用以下形式：

$$\int_{-t_0/2-t_1}^{-t_0/2} w_i^{(1)} dx_3 + \int_{-t_0/2}^{t_0/2} w_i^{(2)} dx_3 + \int_{t_0/2}^{t_0/2+t_1} w_i^{(3)} dx_3 = 0 \tag{5.18}$$

式中，t_0、t_1 分别为芯层和面层的厚度；$w_i^{(1)}$、$w_i^{(2)}$、$w_i^{(3)}$ 分别为上面层、芯层和下面层的未知三维波动函数。

三维线弹性理论的应变场可表示为

$$\Gamma_{ij} = \frac{1}{2}\left(\frac{\partial u_i}{\partial x_j} + \frac{\partial u_j}{\partial x_i}\right) \tag{5.19}$$

将式 (5.15) 代入式 (5.19)，并根据变分渐近法忽略渐近小项，三维应变场可以表示为

$$
\begin{aligned}
\Gamma_{11} &= \varepsilon_{11} + \eta y_3 \kappa_{11} + w_{1,1} + \eta w_{1;1} \\
\Gamma_{22} &= \varepsilon_{22} + \eta y_3 \kappa_{22} + w_{2,2} + \eta w_{2;2} \\
\Gamma_{33} &= w_{3,3} \\
2\Gamma_{12} &= 2\varepsilon_{12} + 2\eta y_3 \kappa_{12} + w_{1,2} + w_{2,1} + \eta w_{1;2} + \eta w_{2;1} \\
2\Gamma_{13} &= w_{1,3} + w_{3,1} + \eta w_{3;1} \\
2\Gamma_{23} &= w_{2,3} + w_{3,2} + \eta w_{3;2}
\end{aligned}
\tag{5.20}
$$

式中，二维等效板模型应变和曲率可定义为

$$\varepsilon_{\alpha\beta}(x_1,x_2) = \frac{1}{2}(\bar{u}_{\alpha,\beta} + \bar{u}_{\beta,\alpha}), \quad \kappa_{\alpha\beta}(x_1,x_2) = -\bar{u}_{3,\alpha\beta} \tag{5.21}$$

三维应变场可以用以下矩阵形式表示：

$$
\begin{aligned}
\Gamma_e &= \begin{bmatrix} \Gamma_{11} & \Gamma_{22} & 2\Gamma_{12} \end{bmatrix}^{\mathrm{T}} = \varepsilon + \eta y_3 \kappa + \partial_e w_{\parallel} \\
2\Gamma_s &= \begin{bmatrix} 2\Gamma_{13} & 2\Gamma_{23} \end{bmatrix}^{\mathrm{T}} = w_{\parallel,3} + \partial_t w_3 \\
\Gamma_t &= \Gamma_{33} = w_{3,3}
\end{aligned}
\tag{5.22}
$$

式中，Γ_e、Γ_s、Γ_t 分别表示三维面内、横向剪切和横向法向应变；$(\ )_{\parallel} = \begin{bmatrix} (\ )_1 & (\ )_2 \end{bmatrix}^{\mathrm{T}}$；

$\varepsilon = \begin{bmatrix} \varepsilon_{11} & 2\varepsilon_{12} & \varepsilon_{22} \end{bmatrix}^{\mathrm{T}}$；$\kappa = \begin{bmatrix} \kappa_{11} & \kappa_{12}+\kappa_{21} & \kappa_{22} \end{bmatrix}^{\mathrm{T}}$；$\partial_e = \begin{bmatrix} (\ )_{,1} & 0 \\ (\ )_{,2} & (\ )_{,1} \\ 0 & (\ )_{,2} \end{bmatrix}$；$\partial_t = \begin{Bmatrix} (\ )_{,1} \\ (\ )_{,2} \end{Bmatrix}$。

复合材料夹芯板单位面积应变能可以表示为

$$U = \frac{1}{2}\langle \Gamma^{\mathrm{T}} D \Gamma \rangle = \frac{1}{2}\left\langle \begin{Bmatrix} \Gamma_e \\ 2\Gamma_s \\ \Gamma_t \end{Bmatrix}^{\mathrm{T}} \begin{bmatrix} D_e & D_{es} & D_{et} \\ D_{es}^{\mathrm{T}} & D_s & D_{st} \\ D_{et}^{\mathrm{T}} & D_{st}^{\mathrm{T}} & D_t \end{bmatrix} \begin{Bmatrix} \Gamma_e \\ 2\Gamma_s \\ \Gamma_t \end{Bmatrix} \right\rangle \tag{5.23}$$

上下面层上施加的载荷以及沿厚度的体力所做的虚功可以表示为

$$\delta \bar{W}_{3D} = \delta \bar{W}_{2D} + \delta \bar{W}^* \tag{5.24}$$

式中

$$\delta \bar{W}_{2D} = \int_{\Omega} \left\langle p_i \delta u_i + q_\alpha \delta \bar{u}_{3,\alpha} \right\rangle \mathrm{d}\Omega, \quad \delta \bar{W}^* = \int_{\Omega} \left\langle \left\langle f_i \delta w_i \right\rangle + \tau_i \delta w_i^+ + \beta_i \delta w_i^- \right\rangle \mathrm{d}\Omega \tag{5.25}$$

其中，$(\cdot)^+ = (\cdot)\big|_{x_3=h/2}$，$(\cdot)^- = (\cdot)\big|_{x_3=-h/2}$ 分别代表作用在夹芯板顶面和底面上的项；τ_i、β_i 和 f_i 分别代表顶面/底面上的面力强度和体力；$p_i = \left\langle f_i \right\rangle + \tau_i + \beta_i$；$q_\alpha = \dfrac{h}{2}(\beta_\alpha - \tau_\alpha) - \left\langle \eta y_3 f_\alpha \right\rangle$。

式(5.24)中的虚功 $\delta \bar{W}_{2D}$ 是常数，在求解未知的波动函数时可以忽略，最终的总势能函数可以表示为

$$\delta \Pi = \delta U - \delta W^* = 0 \tag{5.26}$$

其中，仅波动函数 w_i 是变化的。

5.2　基于变分渐近法的复合材料夹芯板降维分析

为了用变分法求解式(5.26)中未知的波动函数，首先要求出各项的阶数。由于厚度与长度之比很小，这个小参数可用于降维分析。式(5.26)中各项的阶数可评估为

$$\Gamma_{ij} \sim \varepsilon_{\alpha\beta} \sim h\kappa_{\alpha\beta} \sim n, \quad w_i \sim hn, \quad w_{\|,\alpha} \sim w_{3,\alpha} \sim \frac{h}{L}n, \quad w_{\|,3} \sim w_{3,3} \sim n$$

$$hf_\alpha \sim \alpha_\alpha \sim \beta_\alpha \sim \hat{\varepsilon}\frac{h}{L}n, \quad hf_3 \sim \alpha_3 \sim \beta_3 \sim \hat{\varepsilon}\left(\frac{h}{L}\right)^2 n \tag{5.27}$$

其中，n 是最小应力分量的阶数；$\hat{\varepsilon}$ 是材料特性的阶数。

5.2.1　零阶近似

总势能密度的显式表达式为

$$2\Pi = \left\langle \left\langle \left\langle (\varepsilon + \eta y_3 \kappa)^T D_e (\varepsilon + \eta y_3 \kappa) + 2(\varepsilon + \eta y_3 \kappa)^T D_e \partial_e w_{\|,\alpha} + 2(\partial_e w_{\|,\alpha})^T D_e \partial_e w_{\|,\alpha} + 2(\varepsilon + \eta y_3 \kappa)^T D_{es} w_{\|,3} \right.\right.\right.$$

$$+ 2(\varepsilon + \eta y_3 \kappa)^T D_{es} \partial_t w_{3,\alpha} + 2(\partial_e w_{\|,\alpha})^T D_{es} (w_{\|,3} + \partial_t w_{3,\alpha}) + 2(\varepsilon + \eta y_3 \kappa)^T D_{et} w_{3,3} + 2(\partial_e w_{\|,\alpha})^T D_{et} w_{3,3}$$

$$+ w_{\|,3}^T D_s w_{\|,3} + 2w_{\|,3}^T D_s \partial_t w_{3,\alpha} + 2(\partial_t w_{3,\alpha})^T D_s \partial_t w_{3,\alpha} + 2w_{\|,3}^T D_{st} w_{3,3} + 2(\partial_t w_{3,\alpha})^T D_{st} w_{3,3} + D_t w_{3,3}^2 \right\rangle\right\rangle$$

$$- 2\left(\left\langle \left\langle f_i^T w_i \right\rangle\right\rangle + \tau_i^T w_i^T + \beta_i^T w_i^T\right)$$

$$\tag{5.28}$$

式中，下划线项为 h/L 阶或更高阶，在零阶近似下可以忽略。双下划线项为常数，不影响未知波动函数的解。

引入拉格朗日乘子 Λ_i 考虑波动函数的约束，即

$$\delta\left(\Pi + \Lambda_i\langle w_i\rangle\right) = 0 \tag{5.29}$$

波动函数的零阶近似变分表达式可以得到

$$\left\langle\begin{array}{l}\left[(\varepsilon + \eta y_3\kappa)^{\mathrm{T}} D_{es} + w_{\|,3}^{\mathrm{T}} D_s + w_{3,3}^{\mathrm{T}} D_{st}^{\mathrm{T}}\right]\delta w_{\|,3} + \Lambda_i\delta w_i \\ + \left[(\varepsilon + \eta y_3\kappa)^{\mathrm{T}} D_{et} + w_{\|,3}^{\mathrm{T}} D_{st} + w_{3,3}^{\mathrm{T}} D_t\right]\delta w_{3,3}\end{array}\right\rangle = 0 \tag{5.30}$$

通过对式 (5.28) 的部分积分可以得到相应的欧拉-拉格朗日方程，即

$$\left[(\varepsilon + \eta y_3\kappa)^{\mathrm{T}} D_{es} + w_{\|,3}^{\mathrm{T}} D_s + w_{3,3}^{\mathrm{T}} D_{st}^{\mathrm{T}}\right]_{,3} = \Lambda_\|$$
$$\left[(\varepsilon + \eta y_3\kappa)^{\mathrm{T}} D_{et} + w_{\|,3}^{\mathrm{T}} D_{st} + w_{3,3}^{\mathrm{T}} D_t\right]_{,3} = \Lambda_3 \tag{5.31}$$

其中，$\Lambda_\| = [\Lambda_1\ \Lambda_2]^{\mathrm{T}}$ 和 Λ_3 是拉格朗日乘子，用于施加平面内和平面外约束。

根据自由面条件，式 (5.31) 方括号内的表达式在面板顶部和底部应为零，边界条件可定义为

$$\left[(\varepsilon + \eta y_3\kappa)^{\mathrm{T}} D_{es} + w_{\|,3}^{\mathrm{T}} D_s + w_{3,3}^{\mathrm{T}} D_{st}^{\mathrm{T}}\right]^{+/-} = 0$$
$$\left[(\varepsilon + \eta y_3\kappa)^{\mathrm{T}} D_{et} + w_{\|,3}^{\mathrm{T}} D_{st} + w_{3,3}^{\mathrm{T}} D_t\right]^{+/-} = 0 \tag{5.32}$$

其中，上标 +/− 表示面板顶部和底部的项。

式 (5.32) 约束下波动函数的解为

$$w_\| = \left\langle -(\varepsilon + \eta y_3\kappa)\bar{D}_{es} D_s^{-1}\right\rangle^{\mathrm{T}}$$
$$w_3 = \left\langle -(\varepsilon + \eta y_3\kappa)\bar{D}_{et} D_t^{-1}\right\rangle \tag{5.33}$$

式中

$$\bar{D}_{es} = D_{es} - \bar{D}_{et} D_{st}^{\mathrm{T}}\bar{D}_t^{-1},\quad \bar{D}_{et} = D_{et} - D_{es} D_s^{-1} D_{st},\quad \bar{D}_t = D_t - D_{st}^{\mathrm{T}} D_s^{-1} D_{st} \tag{5.34}$$

将求解的波动函数代入式 (5.28)，得到

$$U_{2\mathrm{D}} = \frac{1}{2}\left\langle(\varepsilon + \eta y_3\kappa)^{\mathrm{T}}\bar{D}_e(\varepsilon + \eta y_3\kappa)\right\rangle = \frac{1}{2}\left\{\begin{array}{c}\varepsilon\\\kappa\end{array}\right\}^{\mathrm{T}}\left[\begin{array}{cc}A & B\\B^{\mathrm{T}} & D\end{array}\right]\left\{\begin{array}{c}\varepsilon\\\kappa\end{array}\right\} \tag{5.35}$$

式中

$$\bar{D}_e = D_e - \bar{D}_{es} D_s^{-1}\bar{D}_{es}^{\mathrm{T}} - \bar{D}_{et}\bar{D}_{et}^{\mathrm{T}}/\bar{D}_t$$
$$A = \langle\langle\bar{D}_e\rangle\rangle,\quad B = \langle\langle\eta y_3\bar{D}_e\rangle\rangle,\quad D = \langle\langle\eta^2 y_3^2\bar{D}_e\rangle\rangle \tag{5.36}$$

零阶近似三维应变场可以重构为

$$\Gamma_e^0 = \varepsilon + \eta y_3\kappa,\quad 2\Gamma_s^0 = -w_{\|,3},\quad \Gamma_t^0 = w_{3,3} \tag{5.37}$$

应力场重构为

$$\sigma_e^0 = \begin{bmatrix} \sigma_{11}^0 & \sigma_{12}^0 & \sigma_{22}^0 \end{bmatrix}^{\mathrm{T}} = \bar{D}_e \left(\varepsilon + \eta y_3 \kappa \right)$$

$$\sigma_s^0 = \begin{bmatrix} \sigma_{13}^0 & \sigma_{23}^0 \end{bmatrix}^{\mathrm{T}} = 0 \tag{5.38}$$

$$\sigma_t^0 = \sigma_{33}^0 = 0$$

板应力合力可以定义为

$$\frac{\partial U_{2\mathrm{D}}}{\partial \varepsilon_{11}} = N_{11}, \quad \frac{\partial U_{2\mathrm{D}}}{\partial 2\varepsilon_{12}} = N_{12}, \quad \frac{\partial U_{2\mathrm{D}}}{\partial \varepsilon_{22}} = N_{22}$$

$$\frac{\partial U_{2\mathrm{D}}}{\partial \kappa_{11}} = M_{11}, \quad \frac{\partial U_{2\mathrm{D}}}{\partial 2\kappa_{12}} = M_{12}, \quad \frac{\partial U_{2\mathrm{D}}}{\partial \kappa_{22}} = M_{22} \tag{5.39}$$

与板的应力、应变和曲率相关的板本构关系为

$$\begin{Bmatrix} N_{11} \\ N_{22} \\ N_{12} \\ M_{11} \\ M_{22} \\ M_{12} \end{Bmatrix} = \begin{bmatrix} A_{11} & A_{12} & A_{16} & B_{11} & B_{12} & B_{16} \\ A_{12} & A_{22} & A_{26} & B_{12} & B_{22} & B_{26} \\ A_{16} & A_{26} & A_{66} & B_{16} & B_{26} & B_{66} \\ B_{11} & B_{12} & B_{16} & D_{11} & D_{12} & D_{16} \\ B_{12} & B_{22} & B_{26} & D_{12} & D_{22} & D_{26} \\ B_{16} & B_{26} & B_{66} & D_{16} & D_{26} & D_{66} \end{bmatrix} \begin{Bmatrix} \varepsilon_{11} \\ \varepsilon_{22} \\ 2\varepsilon_{12} \\ \kappa_{11} \\ \kappa_{22} \\ 2\kappa_{12} \end{Bmatrix} \tag{5.40}$$

5.2.2　一阶近似

由式(5.38)可知，渐近修正到零阶的近似能量与经典板理论的近似能量相同，且只能得到面内应力。为了得到面外应力，需要含应变量高阶项的下一阶近似。为此，可将零阶波动函数摄动为

$$w_{\|} = v_{\|}, \quad w_3 = v_3 + D_{\perp}\chi \tag{5.41}$$

其中，$\chi = \begin{bmatrix} \varepsilon & \kappa \end{bmatrix}$；$D_{\perp} = \begin{bmatrix} -\dfrac{D_{et}^{\mathrm{T}}}{D_t} & -x_3\dfrac{D_{et}^{\mathrm{T}}}{D_t} \end{bmatrix}$；$v_{\|}$ 和 v_3 分别表示平面内和平面外摄动波动函数。

将式(5.41)代入式(5.22)，然后代入式(5.23)，可得一阶近似的主导项为

$$2\Pi_1 = \left\langle \bar{v}_{\|,3}^{\mathrm{T}} D_s \bar{v}_{\|,3} + D_t \bar{v}_{3,3}^2 + 2\bar{v}_{\|}^{\mathrm{T}} C_{\|,3}\chi_{,\alpha} + 2\bar{v}_{\|}^{\mathrm{T}} D_s \partial_t D_{\perp}\chi_{,\alpha} - 2\bar{v}_{\|}^{\mathrm{T}} p_{\|} \right\rangle - 2\bar{v}_{\|}^{+\mathrm{T}}\tau_{\|} - 2\bar{v}_{\|}^{-\mathrm{T}}\beta_{\|} \tag{5.42}$$

式(5.42)的欧拉-拉格朗日方程为

$$\left(D_s \bar{v}_{\|,3} + D_s \partial_t D_{\perp}\chi_{,\alpha} \right)_{,3} = C_{\|,3}\partial_t D_{\perp}\chi_{,\alpha} + g_{,3} + \lambda_{\|} \tag{5.43}$$

式中，$C_{\|,3} = -\partial_e^{\mathrm{T}} \begin{bmatrix} D_{\|} & \eta y_3 D_{\|} \end{bmatrix}$；$g_{,3} = -p_{\|}$。

v_3 完全独立于 $v_{\|}$。根据式(5.17)，v_3 只有平凡的解。通过解式(5.43)和式(5.17)可以得到波动函数为

$$v_{\|} = \left(\bar{C}_{\|} + L_{\alpha} \right)\chi_{,\alpha} + \bar{g} \tag{5.44}$$

式中

$$\overline{C}_{\parallel 3}=D_s^{-1}C_{\parallel}, \quad \left\langle \overline{C}_{\parallel} \right\rangle = 0, \qquad \overline{g}_3 = D_s^{-1}\overline{g}, \quad \left\langle \overline{g} \right\rangle = 0$$

$$L_{\alpha}\chi_{,\alpha} = c_{\parallel}/h, \quad \overline{C}_{\parallel} = C_{\parallel} + \frac{\eta y_3}{h}D_{\alpha}^{\mp} - \frac{1}{2}D_{\parallel}^{\pm} - D_s e_{\alpha}D_{\perp}$$

$$\overline{g} = g + \frac{\eta y_3}{h}g^{\mp} - \frac{1}{2}g^{\pm}$$

其中，$(\cdot)^{\pm}=(\cdot)^{+}+(\cdot)^{-}$；$(\cdot)^{\mp}=(\cdot)^{-}-(\cdot)^{+}$。

至此，得到复合材料夹芯板的一阶近似单位面积应变能为

$$2\Pi_1 = \chi^{\mathrm{T}}A\chi + \chi_{,\alpha}^{\mathrm{T}}B_{\alpha\beta}\chi_{,\beta} - 2\chi^{\mathrm{T}}F \tag{5.45}$$

式中

$$A = \begin{bmatrix} \left\langle D_{\parallel} \right\rangle & \left\langle x_3 D_{\parallel} \right\rangle \\ \left\langle x_3 D_{\parallel} \right\rangle & \left\langle x_3^2 D_{\parallel} \right\rangle \end{bmatrix}, \quad B_{\alpha\beta} = \left\langle D_{s_{\alpha\beta}}D_{\perp}^{\mathrm{T}}D_{\perp} - \overline{C}_{\alpha}^{\mathrm{T}}D_s^{-1}\overline{C}_{\beta} \right\rangle + L_{\alpha}^{\mathrm{T}}\left\langle C_{\beta,3} \right\rangle \tag{5.46}$$

$$F = \left\langle D_{\perp}^{\mathrm{T}}p_3 \right\rangle - \left\langle \overline{C}_{\parallel}^{\mathrm{T}}D_s^{-1}\overline{g}_{,\alpha} \right\rangle - L_{\alpha}\left(\left\langle \overline{p} \right\rangle + \left\langle p_{\parallel} \right\rangle \right)_{,\alpha}$$

5.2.3　三维局部场重构关系

降维模型的可靠性取决于其重构原三维结构的位移场、应力场和应变场的精度。因此，有必要提供重构关系以完善降维模型，即用二维变量和 x_3 表示三维位移场、应力场和应变场。

根据式 (5.15)，重构的三维位移场可以用二维位移和 x_3 坐标表示为

$$U_i = u_i + \eta y_3\left(C_{3i} - \delta_{3i}\right) + C_{ji}w_j \tag{5.47}$$

式中，U_i、u_i 分别为三维位移和二维位移。

从式 (5.22) 中重构三维应变场，即

$$\Gamma_e = \varepsilon + \eta y_3\kappa, \quad 2\Gamma_s = \overline{v}_{\parallel,3} + \partial_t D_{\perp}\chi_{,\alpha}, \quad \Gamma_t = D_{\perp,3}\chi \tag{5.48}$$

三维应力场可用三维本构关系确定，如

$$\sigma_e = \begin{bmatrix} \sigma_{11} & \sigma_{12} & \sigma_{22} \end{bmatrix}^{\mathrm{T}} = D_{\parallel}\left(\varepsilon + \eta y_3\kappa\right) + D_e\partial_e\overline{v}_{\parallel,\alpha}$$

$$2\sigma_s = \begin{bmatrix} \sigma_{13} & \sigma_{23} \end{bmatrix}^{\mathrm{T}} = D_s\left(\overline{v}_{\parallel,3} + \partial_t D_{\perp}\chi_{,\alpha}\right) \tag{5.49}$$

$$\sigma_t = \sigma_{33} = D_{et}^{\mathrm{T}}\partial_e\overline{v}_{\parallel,\alpha}$$

5.3　算例与讨论

5.3.1　单向纤维增强复合材料的工程常数

以单向纤维增强复合材料 (UDFRC) 的矩形填充 RSE 和六边形填充 RSE 为例，

计算复合材料的工程常数。将 T300 碳纤维模拟为横观各向同性材料，E_1=230 GPa，E_2=40 GPa，G_{12}=30 GPa，G_{23}=15.4 GPa，$\nu_{12}=0.25$，$\nu_{23}=0.3$；将 914 环氧基体模拟为横观各向同性材料，E=4000 MPa，$\nu=0.39$。

用变分渐近法通过刚度矩阵求逆计算出 UDFRC 的工程常数，并与表 5.1 所列的其他方法进行比较。由表 5.1 可见，预测的纵向弹性模量 E_1 和泊松比 ν_{12} 基本相同，变分渐近法计算的横向弹性模量 E_2 与 NASA 和 Halpin-Tsai（H-T）计算结果非常接近。同时，根据弹性力学能量原理分析，UDFRC 的工程常数在弹性理论解的上下限之内。对于横向和纵向剪切模量，各方法的计算结果都非常接近，表明变分渐近法能准确有效地计算出复合材料的工程常数。

表 5.1　不同方法计算的单向纤维增强复合材料工程常数比较

工程常数	变分渐近法	CMT	H-T	NASA	弹性理论上限	弹性理论下限
E_1 /MPa	32383	32400	32400	32400	18771	32400
E_2 /MPa	5568	4510	5248	5874	4510	8524
E_3 /MPa	5568	4510	5248	5874	4510	8524
G_{12}/MPa	1809	1635	1770	2171	1635	5028
G_{13}/MPa	1809	1635	1770	2171	1635	5028
G_{23}/MPa	1701	1626	—	2121	—	—
ν_{12}	0.37	0.37	—	0.37	—	—
ν_{13}	0.37	0.37	—	0.37	—	—
ν_{23}	0.37	0.37	—	0.37	—	—

图 5.4 是变分渐近法计算的 UDFRC 工程常数随纤维体积分数的变化。可见，不同 RSE 预测的 UDFRC 工程常数基本相同。结果表明，UDFRC 的工程常数与 RSE 的选择无关。

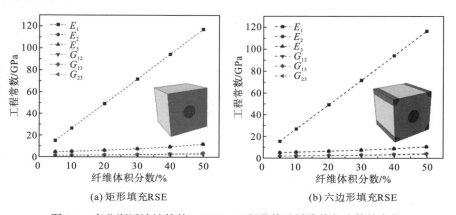

(a) 矩形填充RSE　　　　　　　　　　(b) 六边形填充RSE

图 5.4　变分渐近法计算的 UDFRC 工程常数随纤维体积分数的变化

5.3.2　复合材料夹芯板的有效性能

复合材料夹芯板的上、下面板厚度为 0.1 mm，由 1 mm 厚的凹六角蜂窝隔开。凹六边形蜂窝是典型的负泊松比结构，其几何参数由七个变量确定，如图 5.5 所示。芯层材料采用铝材，为各向同性材料，$E=70000\text{MPa}$，$v = 0.3$；面层复合材料采用表 5.1 所示的 UDFRC 的有效属性。

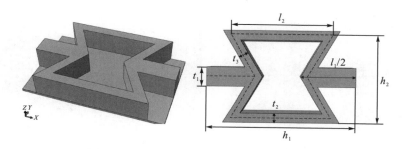

图 5.5　负泊松比复合材料夹芯板的 RSE 尺寸

h_1=6mm，h_2= $2\sqrt{3}$ mm，l_1=l_2=4mm，t_1=0.8mm，t_2=t_3=0.4mm

根据复合材料夹芯板的工程实际应用，选择四种对称铺设的复合材料层合板作为夹芯板面层（ID1：$[0/30/60/90/0]_s$、ID2：$[0/30/45/60/90]_s$、ID3：$[0/45/90/60/-45]_s$ 和 ID4：$[0/90]_{5T}$）进行分析，其中前两种铺层方式是递增型铺层方式，第三种是无序铺层方式，第四种是特殊的正交铺层方式（铺层角度 0° 和 90° 交替排列）。

5.3.3　多尺度模型验证

为了验证多尺度模型的正确性，选取图 5.6 所示的总尺寸为 60mm×38.64mm 的 ID1 复合材料夹芯板进行拉伸和弯曲加载。在 x_1=-$a/2$ 上的所有节点都受到约束，

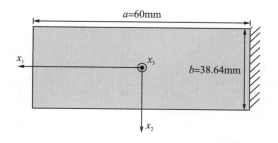

图 5.6　复合材料夹芯板的几何形状与边界条件

其他边界上的节点自由。考虑两种工况：①工况 1，对 $x_1=a/2$ 边界上的所有节点施加 $F_1=1N$ 的均匀力，比较沿 x_1 方向的平均位移；②工况 2，对 $x_1=a/2$ 边界上的所有节点施加 $F_3=1N$ 的均匀力，比较沿 x_3 方向的平均位移。

图 5.7 是等效板模型和三维模型预测的工况 1 位移云图，表 5.2 是不同模型预测的工况 1 和工况 2 最大位移。可以看出，等效板模型对弯曲位移的预测效果很好，而对拉伸位移的预测与三维模型相比误差仅为 1.3%左右，说明等效板模型预测不同加载条件下的全局位移是有效的、可靠的，进一步说明了构建方法预测的板有效刚度是准确的。

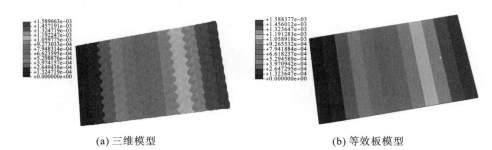

(a) 三维模型   (b) 等效板模型

图 5.7   三维模型和等效板模型预测的工况 1 位移云图

表 5.2   不同模型预测复合材料夹芯板的最大位移

工况	位移	等效板模型	三维模型	误差/%
工况 1	拉伸 u_1/mm	1.588×10^{-3}	1.59×10^{-3}	0.12
工况 2	挠度 u_3/mm	25.3	25.1	0.8

重构 $x_1=-a/2$ 和 $x_2=0$ 处结构 RSE 内的局部应力分布如图 5.8 所示。可以看出，结构 RSE 的正、负最大应力都在蜂窝芯的转角处。沿 x_1 轴方向的最大应力 σ_{11} 为 10.49MPa，而沿 x_2 轴方向的最大应力 σ_{22} 为 -3.204MPa，存在显著的负泊松比效应。此外，面层与芯层连接处的应力也发生了明显的变化，这合理解释了复合材料夹芯板在这些位置经常断裂的原因。

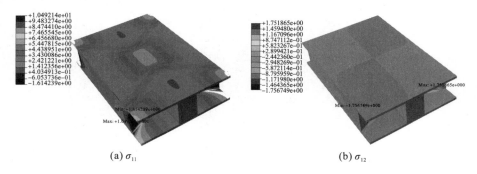

(a) σ_{11} (b) σ_{12}

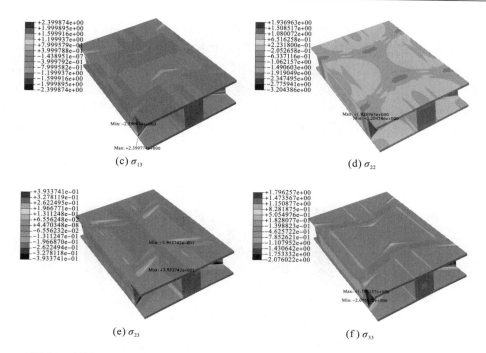

图 5.8　重构 $x_1=-a/2$ 和 $x_2=0$ 处结构 RSE 内的局部应力分布（工况 1）（单位：MPa）

表 5.3 是不同模型计算效率的比较，包括使用的单元类型、单元和节点的总数以及各模型的运行时间。多尺度变分渐近法的分析过程分为三个阶段：RSE 分析、二维板分析和局部场重构。由表 5.3 可见，等效板模型的计算成本比三维模型低几个数量级，但计算精度相当。

表 5.3　不同模型计算效率的比较

比较项目	三维模型	等效板模型		
		RSE 分析	二维板分析	局部场重构
单元类型	C3D8R	C3D8R	S4R	C3D8R
单元数	254340	2953	160	2953
节点数	285643	3230	160	2953
运行时间	25min3s	5s	30s	5s

5.3.4　参数分析

本节基于构建的多尺度变分渐近法分析面层的铺层方式和纤维体积分数对复合材料夹芯板有效性能的影响，为复合材料夹芯板在实际工程中的应用奠定基础。

1）铺层方式的影响

　　图 5.9 和图 5.10 是不同铺层方式对负泊松比复合材料夹芯板的等效性能（A、B 和 D 矩阵）的影响。从图中可以看出，当纤维体积分数较小时，复合材料夹芯板的等效性能主要由夹芯提供。ID2 的拉伸刚度 A_{11} 和弯曲刚度 D_{11} 最小。不难发现，ID3 无序铺层方式具有最强的各向异性（A_{22}/A_{11}），而 ID4 正交铺层方式具有较大的负泊松比（A_{12}/A_{11}）。只有当纤维体积分数小于 5%时，横向拉伸刚度 A_{22} 才大于纵向拉伸刚度 A_{11}。以上结果表明，面板的铺层方式对负泊松比复合材料夹芯板的等效性能有重要影响。

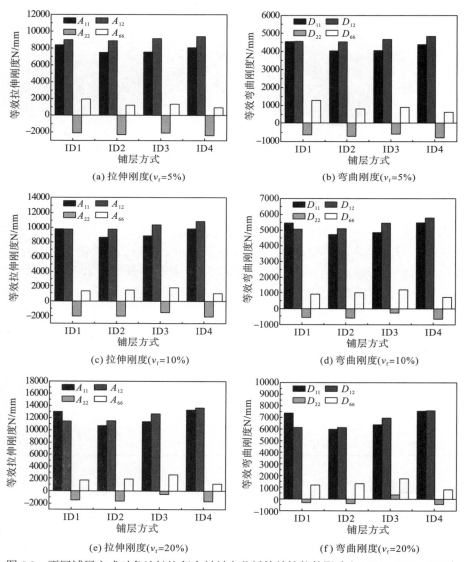

图 5.9　不同铺层方式对负泊松比复合材料夹芯板等效性能的影响（v_f=5%、10%、20%）

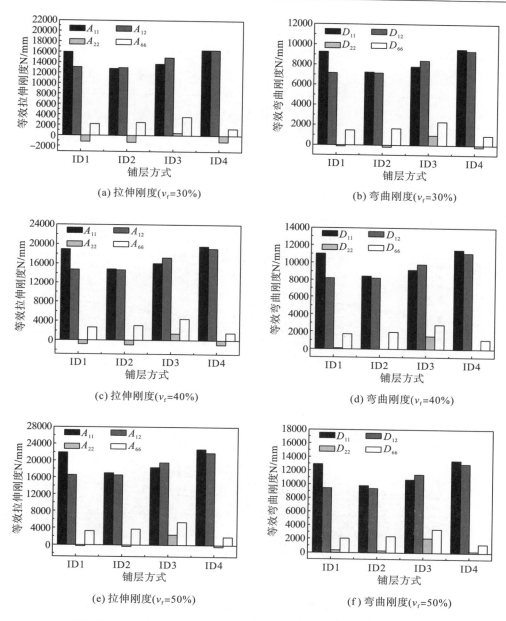

图 5.10　不同铺层方式对负泊松比复合材料夹芯板等效性能的影响（v_f=30%、40%、50%）

2)纤维体积分数的影响

图 5.11 是不同纤维体积分数下复合材料夹芯板等效性能的变化。从图中可以看出，夹芯板等效性能随着纤维体积分数的增加而增加。由于凹蜂窝芯是典型的负泊松比结构，从 A_{12} 的变化可以看出，在相同铺层方式下，复合材料夹芯板的负

泊松效应随着纤维体积分数的增加而减弱。ID1 的 A_{11} 与 A_{22}、D_{11} 与 D_{22} 相差较大，且随着纤维体积分数的增加而增大，表明 ID1 的各向异性随着纤维体积分数的增加而逐渐增大。

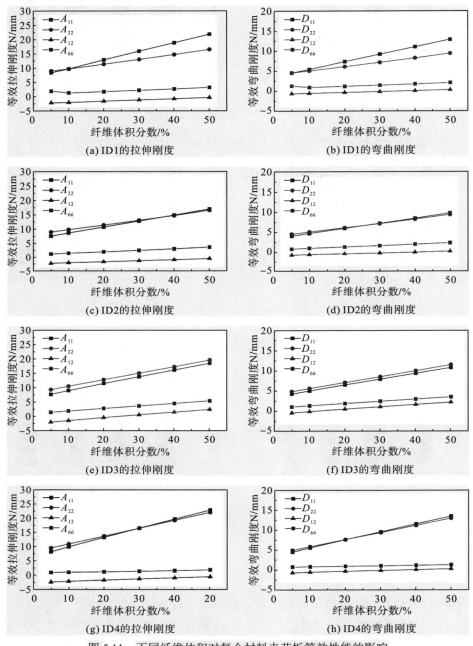

图 5.11　不同纤维体积对复合材料夹芯板等效性能的影响

5.4　本 章 小 结

本章将多尺度变分渐近法推广应用于预测复合材料夹芯板的有效性能。首先，将复合材料夹芯板分析分为两个尺度：基于材料 RSE 的细观尺度分析和基于结构 RSE 的介观尺度分析。然后，利用变分渐近法对未知波动函数进行渐近求解，分别得到经典的板模型（零阶近似）和渐近修正的精细模型（一阶近似）。得到了单向纤维增强复合材料的工程常数和整个结构的有效性能，并将等效模型的全局响应与三维模型结果进行了比较，两者吻合较好。研究了复合材料铺层方式和纤维体积分数对复合材料夹芯板结构等效性能的影响规律。

数值算例表明，随着铺层角度的增加，夹芯板结构的拉伸刚度 A_{11} 和弯曲刚度 D_{11} 减小。无序铺层方式的各向异性最强，而特殊正交铺层方式（铺层角度 0°和 90°交替排列）的负泊松比最大。随着纤维体积分数的增加，复合材料夹芯板结构的各向异性程度和负泊松比减小。研究成果可为负泊松比复合材料夹芯板在土木工程领域的应用提供理论依据。

主要参考文献

彭伟斌, 朱森元, 胡泽保, 2001. 复合材料夹芯板的屈曲分析[J]. 宇航学报, 22(4):41-49.

杨坤, 梅志远, 李华东, 2012. 粘弹性芯材复合材料夹芯板的自由振动分析[J]. 海军工程大学学报, 24(5):6-11,74.

Grima J N, Attard D, Ellul B, et al, 2011. An improved analytical model for the elastic constants of auxetic and conventional hexagonal honeycombs[J]. Cellular Polymers, 30(6):287-310.

Hui Y, Xu R, Giunta G, et al, 2019. Multiscale CUF-FE2 nonlinear anal ysis of composite beam structures[J]. Computers & Structures, 221:28-43.

Malek S, Gibson L, 2015. Effective elastic properties of periodic hexagonal honeycombs[J]. Mechanics of Materials, 91:226-240.

Sankar B V. Marrey R V, 1993. A unit-cell model of textile composite beams for predicting stiffness properties[J]. Composites Science and Technology, 49(1):61-69.

Scarpa F, Panayiotou P, Tomlinson G, 2000. Numerical and experimental uniaxial loading on in-plane auxetic honeycombs[J]. Journal of Strain Analysis for Engineering Design, 35(5):383-388.

Wen Y, 2011. Preparation of glass fiber reinforced composite sandwich hollow columns and their mechanical properties[J]. Advanced Materials Research, 255-260:3091-3096.

Xia Y, Friswell M I, Flores E I S, 2012. Equivalent models of corrugated panels[J]. International Journal of Solids and Structures, 49(13):1453-1462.

Yang D U, Lee S, Huang F Y, 2003. Geometric effects on micropolar elastic honeycomb structure with negative Poisson's ratio using the finite element method[J]. Finite Elements in Analysis and Design, 39(3):187-205.

第6章　考虑非经典效应的复合材料箱梁静动态分析

　　复合材料箱梁由于几何非线性和材料各向异性引起的截面翘曲、横向剪切变形等非经典效应，其精确建模比较复杂。为了有效地分析复合材料箱梁，国内外学者进行了大量的研究。为了简化分析，将复合材料箱梁模型分为一维梁分析和二维截面分析两部分。一维梁分析采用中挠度梁理论或大挠度梁理论。对于中挠度梁理论，应变-位移关系和变形与未变形坐标系之间的转换关系忽略了高阶项的影响，只依赖于位移及其导数。相反，大挠度梁理论不采用任何变形假设(除了小应变)。二维截面分析采用直接分析法或有限元法。直接分析法以壳理论为基础，将实际的复合材料箱梁简化为薄壁或厚壁梁，常用于复合材料箱梁的初始设计和优化。有限元法可用于具有复杂几何形状和材料分布的复合材料箱梁精确建模，常用于复合材料箱梁详细设计。姜年朝和张志清(2007)对旋翼桨叶也进行了基于有限元的三维有限元模型分析，这是国内首次应用 APDL 语言建立的模型，计入空气动力和离心力，利用有限元软件对旋翼桨叶的动力特性和静强度进行分析。

　　在各种假设和理想化的情况下，各国学者对复合材料箱梁进行了分析。Hong 和 Chopra(1985)建立了由任意铺层的复合材料层合壳组成的单室层合壳梁，导出了中大挠度的能量表达式和控制微分方程。Smith 和 Chopra(1990，1993)通过添加三个非经典效应(包括扭转相关翘曲、横向剪切变形和二维面内弹性效应)改进了模型。基于上述研究成果，Jung 等(2002)建立了适用于箱形截面形状和材料分布的复合材料梁模型。

　　Hodges(1988，1990)应用广义 Timoshenko 梁理论对大挠度和材料分布的组合梁进行了建模，所建立的非线性本征公式是以紧凑的矩阵形式编写的，不需要对变形梁参考线的几何结构或本征横截面框架的方向进行任何近似。广义 Timoshenko 梁理论不仅可以考虑任意截面翘曲、横向剪切变形和弹性耦合，还可以考虑梁的初挠度和曲率等非经典效应。

　　尹维龙和向锦武(2006)运用中挠度梁理论对复合材料叶片进行了建模，研究了弹性耦合对叶片动力特性和气动弹性稳定性的影响。Friedmann 等(2009)将有限元横截面分析与中等挠度转子叶片模型相结合，以考虑任意横截面翘曲、面内应力和中等挠度。Song 和 Librescu(1993)研究了封闭截面薄壁梁的自由振动问题以及不同厚度、任意截面薄壁梁的动力问题和自由振动特性。所建立的模型考虑了材料的各向异性、非均匀性和横向剪切应力。结果表明，对于不同厚度的梁，对振动的稳定性等有良好的性能。

　　Chandra 等（1990，1992）采用高压釜成型技术，制备了具有薄壁矩形截面的对称和反对称叠层石墨-环氧复合材料梁。通过 Chandra 等的研究，可以得出以下结论：①Chandra 的截面分析属于直接分析法，而 Hodges 的二维截面分析属于有限元法；②Chandra 的一维梁分析和 Hodges 的一维梁分析分别基于中挠度梁理论和大挠度梁理论；③Chopra 假定了组合梁的截面翘曲分布，而 Hodges 采用变分渐近法将几何非线性分析转化为二维截面分析和一维几何精确分析。因此，与 Chopra 的组合梁模型相比，Hodges 的广义 Timoshenko 梁理论更适合于具有复杂几何形状和材料分布的复合材料梁模型。

　　需要指出的是，Hodges 对非线性方程组的求解做了两个简化：①忽略了一些高阶项；②在具有初始扭转和曲率的复合材料箱梁中，仍采用与直梁二阶渐近精确应变能对应的截面刚度矩阵。对于一般复合材料箱梁，上述两种简化方法均不适用，对计算结果有较大影响。因此，在求解非线性方程时，需摒弃了上述两种简化方法。

　　此外，从复合材料箱梁模型的发展可以看出，在考虑截面翘曲和横向剪切变形等非经典效应后，模型更加精确和系统。复合材料箱梁截面翘曲和横向剪切变形的不同处理会导致不同的精度。因此，研究截面翘曲、横向剪切变形等非经典效应对复合材料箱梁静态变形和固有频率的影响具有重要意义。

　　本章基于 Hodges 广义 Timoshenko 梁理论和变分渐近法，建立了任意材料分布大挠度复合材料箱梁的几何精确非线性模型。变分渐近法结合了变分法和渐近法的优点，已成功地应用于压电材料或功能梯度材料制备的层合板壳的建模。因此，将该方法与 Hodges 的广义 Timoshenko 梁理论相结合确定复合材料箱梁的任意截面翘曲和横向剪切变形是较好的选择。

6.1　几何精确非线性梁模型

6.1.1　一维广义应变

　　图 6.1 是复合材料梁从未变形状态到变形状态的示意图。其中 x_1 沿未变形梁轴线 r 的弧长坐标，$\Omega(x_1)$ 表示 x 处的梁截面，其法线沿 r 轴的切线方向。截面 $\Omega(x_1)$ 上任意点的坐标用 x_2 和 x_3 表示，s 表示沿变形梁轴线 R 的弧长坐标。虚线是未考虑翘曲的梁截面变形，实线是考虑翘曲的梁截面变形。

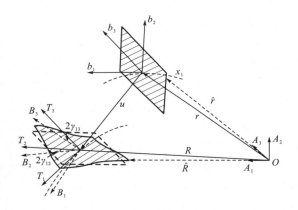

图 6.1 复合材料梁未变形和变形示意图

  引入变形绝对坐标系 A、局部未变形坐标系 b 和局部变形坐标系 T 来描述梁的变形。对应的正交三角为 A_i、b_i 和 $T_i(i=1,2,3)$，基向量 b 与梁未变形参考线 x_1 相切，b_2、b_3 分别沿坐标轴 x_2 和 x_3 方向。未变形梁和变形梁内质点的位置向量分别表示为

$$\hat{r} = r + x_\alpha b_\alpha \tag{6.1}$$

$$\widehat{R} = R + \overline{C}^{Tb}(\xi + w) = r + u + x_\alpha B_\alpha + w_i B_i \tag{6.2}$$

其中，$\alpha = 2,3$；$R = r + u$；$\overline{C}^{Tb}$ 表示坐标系 b 与 T 之间的旋转张量；$\xi = x_\alpha b_\alpha$；$w = w_i b_i$ 表示任意截面翘曲；$u = u_i b_i$ 表示梁轴上任意点的位移。

  式(6.2)的位移场有四个冗余自由度。为了确定唯一位移场，对截面翘曲施加以下四个约束：

$$\langle \Gamma_c^{\mathrm{T}} w \rangle = 0 \ , \quad \Gamma_c = \begin{bmatrix} 1 & 0 & 0 & 0 \\ 0 & 1 & 0 & -x_3 \\ 0 & 0 & 1 & x_2 \end{bmatrix} \tag{6.3}$$

式中，角括号表示截面的积分。

  式(6.3)的约束条件表明，截面翘曲不会引起截面的刚体位移和刚体绕 B_1 轴的旋转。经典一维广义应变定义为

$$\overline{\varepsilon} = \overline{C}^{bT} R_{,1} - r_{,1} = \overline{\gamma}_{11} b_1, \quad \overline{\kappa} = \overline{C}^{bT} \overline{K} - k = \overline{\kappa}_1 b_1 + \overline{\kappa}_2 b_2 + \overline{\kappa}_3 b_3 \tag{6.4}$$

式中，$(\bullet)_{,1} = \partial(\bullet)/\partial x_1$；$\overline{C}^{bT}$ 表示坐标系 T 与 b 之间的旋转张量；$k = k_i b_i$；$\overline{K} = \overline{K}_i T_i$ 分别表示未变形梁和变形梁的曲率；经典一维广义应变 $\overline{\gamma}_{11}$、$\overline{\kappa}_1$、$\overline{\kappa}_2$、$\overline{\kappa}_3$ 分别表示梁变形后的拉伸、扭转和两个方向上的弯曲；$\overline{\varepsilon} = \begin{bmatrix} \overline{\gamma}_{11} & \overline{\kappa}_1 & \overline{\kappa}_2 & \overline{\kappa}_3 \end{bmatrix}^{\mathrm{T}}$。

  为了便于推导，引入另一个与变形梁相关的三元基 $B_i(i=1,2,3)$，其中 B_1 垂直于翘曲截面，但不与变形梁参考线相切，而 T_1 与变形梁参考线相切(图 6.1)。显然，T_i 与 B_i 方向的差异是由横向剪切变形引起的小旋转引起的。

Timoshenko 一维广义应变可定义为

$$\varepsilon = \overline{C}^{bB} R_{,1} - r_{,11} = \gamma_{11} b_1 + 2\gamma_{12} b_2 + 2\gamma_{13} b_3 \tag{6.5}$$

$$\kappa = \overline{C}^{bB} K - k = \overline{\kappa}_1 b_1 + \overline{\kappa}_2 b_2 + \overline{\kappa}_3 b_3 \tag{6.6}$$

其中，$\overline{C}^{bB}$ 为坐标系 B 与 b 之间的旋转张量；$K = K_i B_i$ 为变形梁的曲率；Timoshenko 一维广义应变 γ_{11}、$2\gamma_{12}$、$2\gamma_{13}$、κ_1、κ_2、κ_3 分别表示梁变形后的拉伸应变、两个横向剪应变、扭转和两个弯曲应变；$\varepsilon = \begin{bmatrix} \gamma_{11} & \kappa_1 & \kappa_2 & \kappa_3 \end{bmatrix}^{\mathrm{T}}$。

经典一维广义应变 $\overline{\varepsilon}$ 与 Timoshenko 一维广义应变 ε 和 γ_s 之间的转换关系为

$$\overline{\varepsilon} = \varepsilon + Q\gamma_{s,1} + P\gamma_s \tag{6.7}$$

式中，$Q = \begin{bmatrix} 0 & 0 \\ 0 & 0 \\ 0 & -1 \\ 1 & 0 \end{bmatrix}$；$P = \begin{bmatrix} 0 & 0 \\ k_2 & k_3 \\ -k_1 & 0 \\ 0 & -k_1 \end{bmatrix}$；$\gamma_s = \begin{bmatrix} 2\gamma_{12} & 2\gamma_{13} \end{bmatrix}^{\mathrm{T}}$。

6.1.2　本构关系

根据式(6.1)、式(6.2)、式(6.5) 和式(6.6)，梁内任意一点的 Jaumann-Biot-Cauchy 应变可通过旋转张量分解为

$$\Gamma = \Gamma_a w + \Gamma_\varepsilon \overline{\varepsilon} + \Gamma_l w + \Gamma_R w \tag{6.8}$$

其中，$\Gamma = \begin{bmatrix} \Gamma_{11} & \Gamma_{22} & \Gamma_{33} & 2\Gamma_{23} & 2\Gamma_{13} & 2\Gamma_{12} \end{bmatrix}^{\mathrm{T}}$，算子矩阵 Γ_a、Γ_ε、Γ_l、Γ_R 定义为

$$\Gamma_a = \begin{bmatrix} (\ ) & (\ ) & (\ ) \\ (\ ) & (\ )_{,2} & (\ ) \\ (\ ) & (\ ) & (\ )_{,3} \\ (\ ) & (\ )_{,3} & (\ )_{,2} \\ (\ )_{,3} & (\ ) & (\ ) \\ (\ )_{,2} & (\ ) & (\ ) \end{bmatrix}, \quad \Gamma_\varepsilon = \frac{1}{\sqrt{g}} \begin{bmatrix} 1 & 0 & x_3 & -x_2 \\ 0 & 0 & 0 & 0 \\ 0 & 0 & 0 & 0 \\ 0 & 0 & 0 & 0 \\ 0 & x_2 & 0 & 0 \\ 0 & -x_3 & 0 & 0 \end{bmatrix} \tag{6.9}$$

$$\Gamma_l = \frac{1}{\sqrt{g}} \begin{bmatrix} 1/(\ )_{,1} & 0 & 0 \\ 0 & 0 & 0 \\ 0 & 0 & 0 \\ 0 & 0 & 0 \\ 0 & 0 & 1/(\ )_{,1} \\ 0 & 1/(\ )_{,1} & 0 \end{bmatrix}, \quad \Gamma_R = \frac{1}{\sqrt{g}} \begin{bmatrix} k^* & -k_3 & k_2 \\ 0 & 0 & 0 \\ 0 & 0 & 0 \\ 0 & 0 & 0 \\ -k_2 & k_1 & k^* \\ k_3 & k^* & -k_1 \end{bmatrix} \tag{6.10}$$

式中，$\sqrt{g}=1-x_2k_3+x_3k_2$；$k^*=k_1\left[x_3(\ )_{,2}-x_2(\ )_{,3}\right]$。

式(6.8)定义的截面应变能可表示为

$$U=\frac{1}{2}\left\langle \varGamma^{\mathrm{T}}C\varGamma\right\rangle \tag{6.11}$$

其中，C 为材料刚度矩阵。

为了建立适用于箱形截面形状和材料分布的梁模型，采用形函数矩阵 $S(x_2,x_3)$ 对截面翘曲和式(6.3)进行离散，得到

$$w(x_1,x_2,x_3)=S(x_2,x_3)N(x_1) \tag{6.12}$$

$$\varGamma_c=S(x_2,x_3)\varPsi \tag{6.13}$$

其中，$N(x_1)$ 为未知截面翘曲的节点向量。

式(6.3)中的截面应变能和约束可进一步表示为

$$2U=N^{\mathrm{T}}D_{aa}N+2N^{\mathrm{T}}\left(D_{a\varepsilon}\bar{\varepsilon}+D_{aR}N+D_{al}N_{,1}\right)+\bar{\varepsilon}^{\mathrm{T}}D_{\varepsilon\varepsilon}\bar{\varepsilon}+N^{\mathrm{T}}D_{RR}N$$
$$+N_{,1}^{\mathrm{T}}D_{ll}N_{,1}+2N^{\mathrm{T}}D_{R\varepsilon}\bar{\varepsilon}+2N_{,1}^{\mathrm{T}}D_{l_k}\bar{\varepsilon}+2N^{\mathrm{T}}D_{Rl}N_{,1} \tag{6.14}$$

$$N^{\mathrm{T}}H\varPsi=0 \tag{6.15}$$

式中

$$H=\left\langle S(x_2,x_3)^{\mathrm{T}}S(x_2,x_3)\right\rangle$$

$$D_{aa}=\left\langle[\varGamma_aS]^{\mathrm{T}}C[\varGamma_aS]\right\rangle,\quad D_{a\varepsilon}=\left\langle[\varGamma_aS]^{\mathrm{T}}C[\varGamma_\varepsilon S]\right\rangle$$

$$D_{aR}=\left\langle[\varGamma_aS]^{\mathrm{T}}C[\varGamma_RS]\right\rangle,\quad D_{al}=\left\langle[\varGamma_aS]^{\mathrm{T}}C[\varGamma_lS]\right\rangle$$

$$D_{\varepsilon\varepsilon}=\left\langle[\varGamma_\varepsilon S]^{\mathrm{T}}C[\varGamma_\varepsilon S]\right\rangle,\quad D_{RR}=\left\langle[\varGamma_RS]^{\mathrm{T}}C[\varGamma_RS]\right\rangle \tag{6.16}$$

$$D_{ll}=\left\langle[\varGamma_lS]^{\mathrm{T}}C[\varGamma_lS]\right\rangle,\quad D_{R\varepsilon}=\left\langle[\varGamma_RS]^{\mathrm{T}}C[\varGamma_\varepsilon S]\right\rangle$$

$$D_{l\varepsilon}=\left\langle[\varGamma_lS]^{\mathrm{T}}C[\varGamma_\varepsilon S]\right\rangle,\quad D_{Rl}=\left\langle[\varGamma_RS]S^{\mathrm{T}}C[\varGamma_lS]\right\rangle$$

在式(6.15)的约束下，用变分渐近法通过最小化式(6.14)中的应变能来确定 $N(x_1)$。

6.1.3　零阶解

零阶应变能 U_0 可从式(6.14)中得到，即

$$2U_0=N^{\mathrm{T}}D_{aa}N+2N^{\mathrm{T}}D_{a\varepsilon}\bar{\varepsilon}+\bar{\varepsilon}^{\mathrm{T}}D_{\varepsilon\varepsilon}\bar{\varepsilon} \tag{6.17}$$

现在，问题转化为式(6.15)约束下最小化式(6.17)中的泛函。欧拉-拉格朗日方程可以借助拉格朗日乘子 $\varLambda$，通过常规变分计算得到

$$D_{aa}N+D_{a\varepsilon}\bar{\varepsilon}=H\varPsi\varLambda \tag{6.18}$$

式(6.18)两边同时乘以 $\varPsi^{\mathrm{T}}$，得到拉格朗日乘子 $\varLambda$ 的解为

$$\Lambda = \left(\Psi^{\mathrm{T}} H \Psi\right)^{-1} \Psi^{\mathrm{T}} D_{a\varepsilon}\overline{\varepsilon} \tag{6.19}$$

很明显，Λ 消失是因为 $\Psi^{\mathrm{T}} D_{a\varepsilon} = \left\langle \left(\Gamma_a S\Psi\right)^{\mathrm{T}} D\Gamma_\varepsilon \right\rangle = 0$，这意味着约束条件不会影响 U_0 的最小值。则式 (6.18) 中的线性系统为

$$D_{aa}N = -D_{a\varepsilon}\overline{\varepsilon} \tag{6.20}$$

由于式 (6.20) 的右侧与零空间正交，存在与 D_{aa} 的零空间线性无关的唯一解。将式 (6.20) 的解表示为 N，其完整解可表示为

$$N = N^* + \Psi\lambda \tag{6.21}$$

其中，λ 可由式 (6.15) 确定为

$$\lambda = -\left(\Psi^{\mathrm{T}} H \Psi\right)^{-1} \Psi^{\mathrm{T}} H N^* \tag{6.22}$$

因此，约束条件式 (6.15) 下使式 (6.17) 最小化的解为

$$N = \left[\Delta - \Psi\left(\Psi^{\mathrm{T}} H \Psi\right)^{-1} \Psi^{\mathrm{T}} H\right] N^* = N_0 = \widehat{N}_0 \overline{\varepsilon} \tag{6.23}$$

将式 (6.23) 代入式 (6.17)，可得到渐近修正到零阶总能量为

$$2U_0 = \overline{\varepsilon}^{\mathrm{T}} \left(\widehat{N}_0^{\mathrm{T}} D_{a\varepsilon} + D_{\varepsilon\varepsilon}\right)\overline{\varepsilon} \tag{6.24}$$

6.1.4　一阶解

为了得到一阶解，需要将截面翘曲摄动为

$$N = \widehat{N}_0 \overline{\varepsilon} + N_1 \tag{6.25}$$

将式 (6.25) 代入式 (6.14)，可以得到以下泛函：

$$\begin{aligned}
2U_1 = {} & 2U_0 + 2N_0^{\mathrm{T}} D_{aR} N_0 + 2N_0^{\mathrm{T}} D_{al} N_{0,1} + 2N_0^{\mathrm{T}} D_{R\varepsilon}\overline{\varepsilon} + 2N_{0,1}^{\mathrm{T}} D_{l\varepsilon}\overline{\varepsilon} \\
& + \overline{N}_1 D_{aa} N_1 + 2N_1^{\mathrm{T}} D_{hl} N_{0,1} + 2N_0^{\mathrm{T}} D_{hl} N_{1,1} \\
& + 2N_1^{\mathrm{T}} \left(D_{hR} N_0 + D_{hR}^{\mathrm{T}} N_0 + D_{R\varepsilon}\overline{\varepsilon}\right) + 2N_{1,1}^{\mathrm{T}} D_{l\varepsilon}\overline{\varepsilon} + N_0^{\mathrm{T}} D_{RR} N_0 \\
& + 2N_0^{\mathrm{T}} D_{Rl} N_{0,1} + N_{0,1}^{\mathrm{T}} D_{ll} N_{0,1}
\end{aligned} \tag{6.26}$$

分部积分后得到一阶应变能的主导项为

$$2U_1^* = N_1^{\mathrm{T}} D_{aa} N_1 + 2N_1^{\mathrm{T}} D_R \overline{\varepsilon} + 2N_1^{\mathrm{T}} D_S \overline{\varepsilon}_{,1} \tag{6.27}$$

式中

$$\begin{aligned}
D_R &= D_{aR}\widehat{N}_0 + D_{aR}^{\mathrm{T}}\widehat{N}_0 + D_{R\varepsilon} \\
D_S &= D_{al}\widehat{N}_0 - D_{al}^{\mathrm{T}}\widehat{N}_0 - D_{l\varepsilon}
\end{aligned} \tag{6.28}$$

与零阶翘曲相似，一阶翘曲和渐近正确应变能分别为

$$N = \widehat{N}_0 \overline{\varepsilon} + N_{1R}\overline{\varepsilon} + N_{1S}\overline{\varepsilon}_{,1} \tag{6.29}$$

$$2U = \overline{\varepsilon}^{\mathrm{T}} A \overline{\varepsilon} + 2\overline{\varepsilon}^{\mathrm{T}} B \overline{\varepsilon}_{,1} + \overline{\varepsilon}_{,1}^{\mathrm{T}} C \overline{\varepsilon}_{,1} + 2\overline{\varepsilon}^{\mathrm{T}} D \overline{\varepsilon}_{,11} \tag{6.30}$$

式中

$$A = \widehat{N}_0^{\mathrm{T}} D_{a\varepsilon} + D_{\varepsilon\varepsilon} + \widehat{N}_0^{\mathrm{T}} \left(D_{aR} + D_{aR}^{\mathrm{T}} \right) \widehat{N}_0 + 2\widehat{N}_0^{\mathrm{T}} D_{R\varepsilon} + D_R^{\mathrm{T}} N_{1R}$$

$$B = \widehat{N}_0^{\mathrm{T}} \left(D_{al} + D_{Rl} \right) \widehat{N}_0 + D_{ll}^{\mathrm{T}} \widehat{N}_0 + \widehat{N}_0^{\mathrm{T}} D_{al} N_{1R} + D_{l\varepsilon}^{\mathrm{T}} N_{1R}$$

$$+ \frac{1}{2} \left(D_R^{\mathrm{T}} N_{1S} + N_{1R}^{\mathrm{T}} D_{al} \widehat{N}_0 + N_{1R}^{\mathrm{T}} D_{al}^{\mathrm{T}} \widehat{N}_0 + N_{1R}^{\mathrm{T}} D_{l\varepsilon} \right) \quad (6.31)$$

$$C = \widehat{N}_0^{\mathrm{T}} D_{al}^{\mathrm{T}} N_{1S} + N_{1S}^{\mathrm{T}} D_{al}^{\mathrm{T}} \widehat{N}_0 + N_{1S}^{\mathrm{T}} D_{l\varepsilon} + \widehat{N}_0^{\mathrm{T}} D_{ll} \widehat{N}_0$$

$$D = \left(D_{l\varepsilon}^{\mathrm{T}} + \widehat{N}_0^{\mathrm{T}} D_{al} \right) N_{1S}$$

6.1.5 转化为广义 Timoshenko 模型

虽然式(6.30)表示的应变能是渐近修正的，但由于经典一维广义应变的导数 $\varepsilon_{,1}$，边界条件较为复杂，不便于实际应用，有必要将渐近修正应变能转化为工程常用的广义 Timoshenko 梁模型。

根据 Timoshenko 一维广义应变 $\boldsymbol{\varepsilon}$ 和 $\boldsymbol{\gamma}_s$，将式(6.7)代入式(6.30)后给出二阶精确应变能，即

$$
\begin{aligned}
2U = &\left(\boldsymbol{\varepsilon} + Q\boldsymbol{\gamma}_{s,1} + P\boldsymbol{\gamma}_s \right)^{\mathrm{T}} A \left(\boldsymbol{\varepsilon} + Q\boldsymbol{\gamma}_{s,1} + P\boldsymbol{\gamma}_s \right) \\
&+ 2 \left(\boldsymbol{\varepsilon} + Q\boldsymbol{\gamma}_{s,1} + P\boldsymbol{\gamma}_s \right)^{\mathrm{T}} B \left(\boldsymbol{\varepsilon} + Q\boldsymbol{\gamma}_{s,1} + P\boldsymbol{\gamma}_s \right)_1 \\
&+ \left(\boldsymbol{\varepsilon} + Q\boldsymbol{\gamma}_{s,1} + P\boldsymbol{\gamma}_s \right)_1^{\mathrm{T}} C \left(\boldsymbol{\varepsilon} + Q\boldsymbol{\gamma}_{s,1} + P\boldsymbol{\gamma}_s \right)_1 \\
&+ 2 \left(\boldsymbol{\varepsilon} + Q\boldsymbol{\gamma}_{s,1} + P\boldsymbol{\gamma}_s \right)^{\mathrm{T}} D \left(\boldsymbol{\varepsilon} + Q\boldsymbol{\gamma}_{s,1} + P\boldsymbol{\gamma}_s \right)_{11}
\end{aligned} \quad (6.32)
$$

广义 Timoshenko 模型的标准形式是

$$2U = \boldsymbol{\varepsilon}^{\mathrm{T}} X \boldsymbol{\varepsilon} + 2\boldsymbol{\varepsilon}^{\mathrm{T}} Y \boldsymbol{\gamma}_s + \boldsymbol{\gamma}_s^{\mathrm{T}} Z \boldsymbol{\gamma}_s \quad (6.33)$$

将式(6.32)、式(6.33)与平衡方程相结合，通过求解未知矩阵 X、Y、Z 的非线性方程，可得到式(6.33)的广义 Timoshenko 应变能，其本构关系为

$$
\begin{bmatrix} F_{B1} & M_{B1} & M_{B2} & M_{B3} & F_{B2} & F_{B3} \end{bmatrix}^{\mathrm{T}} = \begin{bmatrix} X & Y \\ Y^{\mathrm{T}} & Z \end{bmatrix} \begin{Bmatrix} \boldsymbol{\varepsilon} \\ \boldsymbol{\gamma}_s \end{Bmatrix}^{\mathrm{T}} \quad (6.34)
$$

其中，F_{Bi}、M_{Bi} 分别为在坐标系 B 中的截面合力和合力矩。

式(6.34)中 X、Y、Y^{T} 和 Z 矩阵构成 6×6 截面刚度矩阵 D，即

$$
D = \begin{bmatrix}
d_{11} & d_{12} & d_{13} & d_{14} & d_{15} & d_{16} \\
d_{21} & d_{22} & d_{23} & d_{24} & d_{25} & d_{26} \\
d_{31} & d_{32} & d_{33} & d_{34} & d_{35} & d_{36} \\
d_{41} & d_{42} & d_{43} & d_{44} & d_{45} & d_{46} \\
d_{51} & d_{52} & d_{53} & d_{54} & d_{55} & d_{56} \\
d_{61} & d_{62} & d_{63} & d_{64} & d_{65} & d_{66}
\end{bmatrix} \quad (6.35)
$$

式中，下标 1 表示拉伸，2 和 3 表示剪切，4 表示扭转，5 和 6 表示弯曲；对角线元素 d_{ii} $(i=1、2、3、4、5、6)$ 分别表示拉伸刚度系数、两个方向的剪切刚度系数、扭转刚度系数和两个方向的弯曲刚度系数；非对角线元素 d_{ij} $(i,j=1,2,3,4,5,6,$ $i \neq j)$ 表示相应的耦合刚度系数。例如，d_{14} 表示拉扭耦合刚度系数，d_{45} 表示弯扭耦合刚度系数。

6.2 运 动 方 程

利用广义 Hamilton 原理，建立一维梁的几何精确非线性运动方程，即

$$\int_{t_1}^{t_2}\int_0^l\left[\delta(\mathcal{K}-U)+\delta\overline{W}\right]\mathrm{d}x_1\mathrm{d}t=\delta A \tag{6.36}$$

式中，δA 是某一时间段内梁端的虚功；U 是梁每单位长度的应变能；δ 为拉格朗日变化；$\delta\overline{W}$ 为施加载荷在每单位长度上所做虚功；$\mathcal{K}$ 是梁每单位长度的动能，如

$$\mathcal{K}=\frac{1}{2}\begin{Bmatrix}V\\\Omega\end{Bmatrix}^{\mathrm{T}}\begin{bmatrix}\mu\varDelta & -\mu\overline{\xi}\\\mu\overline{\xi} & i\end{bmatrix}\begin{Bmatrix}V\\\Omega\end{Bmatrix} \tag{6.37}$$

其中，μ、$\mu\overline{\xi}$ 和 i 分别定义为每单位长度质量、第一和第二分布质量矩，可分别通过简单的截面积分得到。

引入虚位移 $\delta\overline{q}_{Bi}$ 和转动 $\delta\overline{\varphi}_{B\alpha}$ 来表示动能变分 $\delta\mathcal{K}$、应变能变分 δU 和虚功 $\delta\overline{W}$，经过一系列的推导和简化，一维梁的几何精确非线性运动方程可以表示为

$$\begin{aligned}
\int_0^l\Big\{&\delta u_{A,1}^{\mathrm{T}}\overline{C}^{\mathrm{T}}C^{Ab}F_B+\delta\varphi_{A,1}^{\mathrm{T}}\overline{C}^{\mathrm{T}}C^{Ab}M_B-\delta\varphi_A^{\mathrm{T}}\overline{C}^{\mathrm{T}}C^{Ab}\left(e_1+\gamma\right)F_B\\
&+\delta u_A^{\mathrm{T}}\left(\overline{C}^{\mathrm{T}}C^{Ab}P_B\right)+\delta u_A^{\mathrm{T}}\tilde{\omega}_A\overline{C}^{\mathrm{T}}C^{Ab}P_B+\delta\varphi_A^{\mathrm{T}}\left(\overline{C}^{\mathrm{T}}C^{Ab}H_B\right)\\
&+\delta\varphi_A^{\mathrm{T}}\tilde{\omega}_A\overline{C}\,\overline{C}^{\mathrm{T}}C^{Ab}H_B+\delta\varphi_A^{\mathrm{T}}\overline{C}^{\mathrm{T}}C^{Ab}\tilde{V}_BP_B-\delta\overline{F}_A\left[\overline{C}^{\mathrm{T}}C^{Ab}\left(e_1+\gamma\right)-C^{Ab}e_1\right]\\
&-\delta\overline{F}_{A,1}^{\mathrm{T}}u_A-\delta\overline{M}_A^{\mathrm{T}}\left(\varDelta+\frac{1}{2}\tilde{\theta}_A+\frac{1}{4}\theta_A\theta_A^{\mathrm{T}}\right)C^{Ab}\kappa-\delta\overline{M}_{A,1}^{\mathrm{T}}\theta_A\\
&+\delta\overline{P}_A^{\mathrm{T}}\left(\overline{C}^{\mathrm{T}}C^{Ab}V_B-v_A-\tilde{\omega}_Au_A\right)-\delta\overline{P}_A^{\mathrm{T}}\dot{u}_A\\
&+\delta\overline{H}_A^{\mathrm{T}}\left(\varDelta-\frac{1}{2}\tilde{\theta}_A+\frac{1}{4}\varTheta_A\theta_A^{\mathrm{T}}\right)\left(\overline{C}^{\mathrm{T}}C^{Ab}\Omega_B-\omega_A\right)\\
&-\delta\overline{H}_A^{\mathrm{T}}\dot{\theta}_A-\delta u_A^{\mathrm{T}}f_A-\delta\overline{\varphi}_A^{\mathrm{T}}m_A\Big\}\mathrm{d}x_1\\
&=\left[\delta u_A^{\mathrm{T}}\widehat{F}_A+\delta\overline{\varphi}_A^{\mathrm{T}}\widehat{M}_A-\delta\overline{F}_A^{\mathrm{T}}\hat{u}_A-\delta\overline{M}_A^{\mathrm{T}}\hat{\theta}_A\right]\Big|_0^l
\end{aligned} \tag{6.38}$$

式中

$$\begin{bmatrix} \gamma \\ \kappa \end{bmatrix} = [S] \begin{bmatrix} F_B \\ M_B \end{bmatrix} \tag{6.39}$$

$$\bar{C} = C^{Ab} C^{BA} = \frac{\left[1 - (1/4)\theta_A^{\mathrm{T}} \theta_A \right] \Delta - \theta_A + (1/2)\theta_A \theta_A^{\mathrm{T}}}{1 + (1/4)\theta_A^{\mathrm{T}} \theta_A} \tag{6.40}$$

其中，$\gamma = \begin{bmatrix} \gamma_{11} & 2\gamma_{12} & 2\gamma_{13} \end{bmatrix}^{\mathrm{T}}$，$\kappa = \begin{bmatrix} x_1 & x_2 & x_3 \end{bmatrix}^{\mathrm{T}}$；$S$ 为截面柔度矩阵；V_B 和 Ω_B 分别表示坐标系 B 中变形梁轴上点的速度和角速度；F_B、M_B、P_B 和 H_B 分别表示在坐标系 B 中的截面合力、力矩、线动量和角动量；θ_A 为罗德里格斯参数用于表示截面有限旋转矩阵 $\bar{C}$。

采用有限元法求解式(6.38)中的运动方程。离散后得到以下方程：

$$\bar{G}(\bar{X}, \dot{\bar{X}}, \bar{N}) = 0 \tag{6.41}$$

式中，$\bar{N}$ 为有效节点载荷阵列；未知量数组 $\bar{X}$ 的维数为 $18N + 12$（N 为分段数）。

对于 $\dot{\bar{X}} = 0$ 的静态分析，采用 Newton-Raphson 法求解非线性方程 $\bar{G}(\bar{X}, \bar{N}) = 0$。对于固有频率和振型的动态分析，可求解与式(6.41)对应的摄动方程特征值和特征向量。

6.3　模　型　验　证

本节将上述建模和分析方法应用于各种薄壁复合材料箱梁的数值计算中，并将计算结果与 Chandra 等(1990，1992)的实验结果进行对比。在此基础上，将薄壁复合材料箱梁的静态分析扩展到考虑大挠度的情况。

6.3.1　静态分析

图 6.2 是悬臂薄壁复合材料箱梁的跨径方向视图、截面视图和网格划分图，左侧固定、右侧自由。表 6.1 是薄壁复合材料箱梁的几何参数和材料性能，表 6.2 是薄壁复合材料箱梁的铺设方式和加载条件。截面质量属性为：$\mu = 0.813 \times 10^{-7}$ kg·sec²/cm²，$i_2 = 0.259 \times 10^{-6}$ kg·sec²，$i_3 = 0.064 \times 10^{-5}$ kg·sec²。

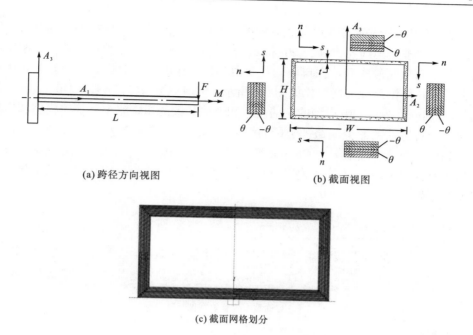

(a) 跨径方向视图   (b) 截面视图

(c) 截面网格划分

图 6.2   薄壁复合材料箱梁结构示意图

表 6.1   薄壁复合材料箱梁的几何参数和材料性能

项目	属性	数值
几何参数	宽度 W/mm	24.2
	高度 H/mm	13.6
	壁厚 t/mm	0.76
	长度 L/mm	762
材料性能	纵向弹性模量 E_l/MPa	1.42×10^5
	横向弹性模量 E_n/MPa	9.79×10^3
	纵向剪切模量 G_{lt}/MPa	6.00×10^3
	横向剪切模量 G_{tn}/MPa	4.80×10^3
	纵向泊松比	0.42
	横向泊松比	0.42

表 6.2   薄壁复合材料箱梁的铺设方式和加载条件

铺层方式	上壁	左壁	下壁	右壁	加载条件
对称型 I	$[15°]_6$	$[15°/-15°]_3$	$[15°]_6$	$[15°/-15°]_3$	弯曲/扭转
对称型 II	$[30°]_6$	$[30°/-30°]_3$	$[30°]_6$	$[30°/-30°]_3$	弯曲/扭转
对称型 III	$[45°]_6$	$[45°/-45°]_3$	$[45°]_6$	$[45°/-45°]_3$	弯曲/扭转
反对称型 I	$[15°]_6$	$[15°]_6$	$[-15°]_6$	$[-15°]_6$	扭转/拉伸
反对称型 II	$[0°/30°]_3$	$[0°/30°]_3$	$[0°/-30°]_3$	$[0°/-30°]_3$	扭转/拉伸
反对称型 III	$[0°/45°]_3$	$[0°/45°]_3$	$[0°/-45°]_3$	$[0°/-45°]_3$	扭转/拉伸

　　图6.3是基于构建模型计算的6种不同铺层方式薄壁复合材料箱梁的有效刚度矩阵，其中非对角线元素 d_{14}、d_{25} 和 d_{36} 表示拉扭耦合刚度系数和弯剪耦合刚度系数。基于有效刚度矩阵，在自由端竖向力和扭矩作用下，对称型梁的弯曲斜率和弯曲导致扭转沿跨径方向变化如图6.4所示。从图中可以看出，在相同的竖向力作用下，Chopra 等(1990)得到的弯曲斜率和弯曲导致的扭转略小于构建模型和实验结果。两种方法的差值随跨径坐标的增大而增大。随着铺层角度的增加，构建模型得到的弯曲斜率逐渐大于 Chopra 等(1990)的弯曲斜率，最大误差是对称型Ⅱ，然后是对称型Ⅰ。简而言之，构建模型的计算结果比 Chopra 等(1990)的结果更接近实验结果。

Timoshenko 刚度矩阵(1-拉伸；2,3-剪切；4-扭转；5,6-弯曲)
==

```
 4.8855567342E+06   3.7625032184E+05   5.4195699826E+01  -5.4409066117E+06   3.0784632297E+07   8.3346031293E+04
 3.7625032184E+05   3.9554816068E+05   8.8332518796E+02  -2.5623326193E+06   5.0290827057E+06   3.2540506844E+04
 4.4195699826E+01   8.8332518796E+02   9.5563710642E+04  -1.9793006141E+03   4.1306364571E+02   3.3261777431E+05
-5.4409066117E+06  -2.5623326193E+06  -1.9793006141E+03   1.9454570403E+07  -7.0043581494E+07  -2.0787526618E+05
 3.0784632297E+07   5.0290827057E+06   4.1306364570E+02  -7.0043581494E+07   3.6280088316E+08   4.1059646592E+04
 8.3346031293E+04   3.2540506844E+04   3.3261777431E+05  -2.0787526618E+05   4.1059646592E+04   3.0774747166E+08
```

(a) 对称型Ⅰ的有效刚度矩阵

Timoshenko 刚度矩阵(1-拉伸；2,3-剪切；4-扭转；5,6-弯曲)
==

```
 2.1303217651E+06   3.3366442466E+05  -1.0005280076E+01  -3.9427575197E+06   1.3133802179E+07   4.1139564955E+04
 3.3366442466E+05   6.3751692857E+05   8.2249363630E+02  -3.4180442999E+06   4.4616223431E+06   3.2300350201E+04
-1.0005280076E+01   8.2249363630E+02   9.8013852834E+04  -2.2967906263E+03   9.2757633170E+03   3.2964130162E+05
-3.9427575197E+06  -3.4180442999E+06  -2.2967906263E+03   9.9418244829E+07  -5.0741193140E+07  -1.6276966002E+05
 1.3133802179E+07   4.4616223431E+06   9.2757633170E+03  -5.0741193140E+07   1.5522654052E+08   6.6032279396E+04
 4.1139564955E+04   3.2300350201E+04   3.2964130162E+05  -1.6276966002E+05   6.6032279396E+04   1.3023215328E+08
```

(b) 对称型Ⅱ的有效刚度矩阵

Timoshenko 刚度矩阵(1-拉伸；2,3-剪切；4-扭转；5,6-弯曲)
==

```
 1.0005180335E+06   1.6089852012E+05  -5.9729564717E+01  -1.8219768050E+06   6.5861022321E+06   1.0616983700E+04
 1.6089852012E+05   5.5818108918E+05   1.9909595420E+01  -2.6799334571E+06   1.4180547906E+06   1.8410353092E+04
-5.9729564717E+01   1.9909595420E+01   2.2808295200E+04  -8.5698778110E+02   3.7864797312E+03   1.7880404184E+05
-1.8219768050E+06  -2.6799334571E+06  -8.5698778110E+02   4.9951983705E+07  -2.3485961311E+07  -8.0230382214E+04
 6.5861022321E+06   1.4180547906E+06   3.7864797312E+03  -2.3485961311E+07   6.7247407067E+07   2.8538041155E+04
 1.0616983700E+04   1.8410353092E+04   1.7880404184E+05  -8.0230382214E+04   2.8538041155E+04   6.9418825912E+07
```

(c) 对称型Ⅲ的有效刚度矩阵

Timoshenko 刚度矩阵(1-拉伸；2,3-剪切；4-扭转；5,6-弯曲)
==

```
 4.9120839053E+06   7.5331226381E+05  -2.2808999004E-01  -5.1225218762E+06   3.3402177342E+07   9.9379967272E+00
 7.5331226381E+05   3.6583830748E+05   1.1705424490E-01  -2.4877046858E+06   5.1225249870E+06  -7.1781044950E+00
-2.2808999004E-01   1.1705424490E-01   9.2644638878E+04  -2.7860186554E+00  -3.1842465052E+00  -6.9209698413E+00
-5.1225218762E+06  -2.4877046858E+06  -2.7860186554E+00   5.1696315215E+07  -7.0352776348E+07   1.4673468319E+02
 3.3402177342E+07   5.1225249870E+06  -3.1842465052E+00  -7.0352776348E+07   3.6980973991E+08   1.0164817819E+02
 9.9379967272E+00  -7.1781044950E+00  -6.9209698413E+00   1.4673468319E+02   1.0164817819E+02   2.6531695878E+08
```

(d) 反对称型Ⅰ的有效刚度矩阵

Timoshenko 刚度矩阵(1-拉伸；2,3-剪切；4-扭转；5,6-弯曲)
==

```
 5.0331239793E+06   3.6664680657E+05   2.2099417923E-01  -2.4932036391E+06   3.4225247252E+07  -1.3021738943E+00
 3.6664680657E+05   3.7980976485E+05   3.3838452019E-01  -2.5827131828E+06   2.4932017159E+06  -2.4998988240E+00
 2.2099417923E-01   3.3838452019E-01   9.1177424648E+04  -5.7066376511E+00   2.2736656447E+00  -1.4620450034E+00
-2.4932036391E+06  -2.5827131828E+06  -5.7066376511E+00   5.3386504176E+07  -3.4728801155E+07   2.6485967776E+01
 3.4225247252E+07   2.4932017159E+06   2.2736656447E+00  -3.4728801155E+07   8.8466247526E+08  -2.7884896863E+01
-1.3021738943E+00  -2.4998988240E+00  -1.4620450034E+00   2.6485967776E+01  -2.7884896863E+01   3.5325582661E+08
```

(e) 反对称型Ⅱ的有效刚度矩阵

Timoshenko 刚度矩阵(1-拉伸；2,3-剪切；4-扭转；5,6-弯曲)
==

```
 4.3681634486E+06   1.4955742255E+05   8.3885701305E-02  -1.0169932165E+06   2.9703512273E+07  -3.6847526334E-01
 1.4955742255E+05   3.2195855122E+05   3.1444282733E-01  -2.1893256991E+06   1.0169923835E+06  -1.4710041078E+00
 8.3885701305E-02   3.1444282733E-01   8.6067284370E+04  -5.4541865044E+00   8.0559715775E-01  -7.2915053922E+00
-1.0169932165E+06  -2.1893256991E+06  -5.4541865044E+00   4.7195188871E+07  -1.4656917545E+07  -7.2915053922E+00
 2.9703512273E+07   1.0169923835E+06   8.0559715775E-01  -1.4656917545E+07   3.3358604253E+08  -6.5203866326E+00
-3.6847526334E-01  -1.4710041078E+00  -7.2915053922E+00   2.2231677218E+01  -6.5203866326E+00   3.2558880394E+08
```

(f) 反对称型Ⅲ的有效刚度矩阵

图 6.3　基于构建模型计算的薄壁复合材料箱梁有效刚度矩阵

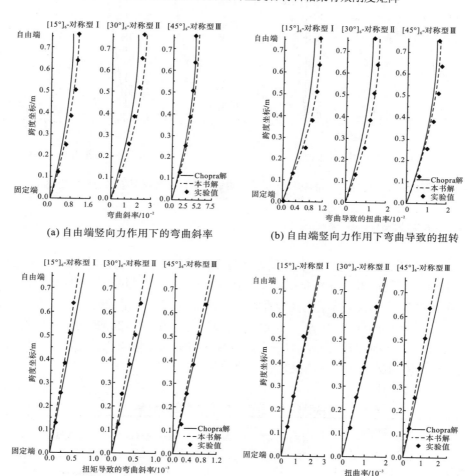

(a) 自由端竖向力作用下的弯曲斜率　　　　　(b) 自由端竖向力作用下弯曲导致的扭转

(c) 自由端扭矩作用下扭矩导致的弯曲斜率　　　(d) 自由端扭矩作用下的扭转

图 6.4　自由端竖向力或扭矩作用下对称型薄壁复合材料箱梁弯曲斜率和弯曲导致的扭转变化

　　在自由端扭矩和竖向力作用下，反对称型薄壁复合材料箱梁沿跨径方向扭转的变化如图 6.5 所示。从图中可以看出，在相同扭矩下，两种方法得到的扭转具有良好的一致性，尤其是反对称型Ⅰ。随着铺层角度的增加，Chopra 等(1990)得到的扭曲度明显大于构建模型和实验结果。

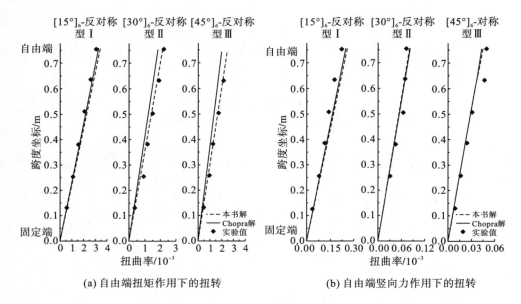

(a) 自由端扭矩作用下的扭转   (b) 自由端竖向力作用下的扭转

图 6.5   自由端竖向力和扭矩作用下反对称型薄壁复合材料箱梁的扭转变化

6.3.2   动态分析

表 6.3 和表 6.4 是对称型 I 和反对称型 I 薄壁复合材料箱梁以 1002r/min 的转速绕 A_3 轴旋转的前五个固有频率。由于两种薄壁复合材料箱梁的弹性耦合，在相同的固有频率下，不同振型之间存在耦合。因此，表中列出的模式是主模态。为了便于比较，Chandra 等(1992)、Smith 等(1993)和 Jung 等(2002)的结果也列于表 6.3 和表 6.4 中。经比较可知，前三个固有频率与实验结果吻合较好，在其他对称和反对称铺层情况下，计算结果也与实验结果一致。

表 6.3   对称型 I 薄壁复合材料箱梁的固有频率   (单位：Hz)

阶数	Chandra 等		Smith 等	Jung 等	变分渐近解	振动模态
	实验值	分析值				
一阶竖弯	35.2	35.4	36.9	35.6	35.6	
一阶横弯	53.8	56.0	62.5	56.4	56.5	
二阶竖弯	188.0	194.0	203.0	193.8	194.9	
二阶横弯	—	—	378.9	343,4	346.4	
一阶扭转	—	—	729.2	701,7	706.9	

表 6.4　反对称型 I 薄壁复合材料箱梁的固有频率　　　　（单位：Hz）

阶数	Chandra 等		Smith 等	Jung 等	变分渐近解	振动模态
	实验值	分析值				
一阶竖弯	33.6	34.0	36.5	33.9	34.1	
一阶横弯	46.6	45.9	53.7	45.5	46.0	
二阶竖弯	184.0	185.0	202.2	182.1	185.3	
二阶横弯	—	—	378.9	277.5	283.3	
一阶扭转	—	—	729.2	495.5	501.4	

6.3.3　大挠度分析

在上述验证的基础上，还计算了对称型薄壁复合材料箱梁端部位移随自由端载荷的变化情况，如图 6.6 所示。实线和虚线分别表示线性变化曲线和相应的非线性变化曲线。从图中可以看出，随着自由端竖向力的增大，端部位移增大，且随着铺层角度的增大，端部位移的线性变化大于非线性变化。在小于 150N 的竖向力作用下，对称型薄壁复合材料箱梁的非线性曲线与线性曲线差别不大，此后，两曲线之间的差异逐渐增大。自由端扭矩作用下的非线性特性与竖向力作用下的非线性特性相似。验证了构建模型能够成功地捕捉大挠度下对称型薄壁复合材料箱梁的几何非线性。

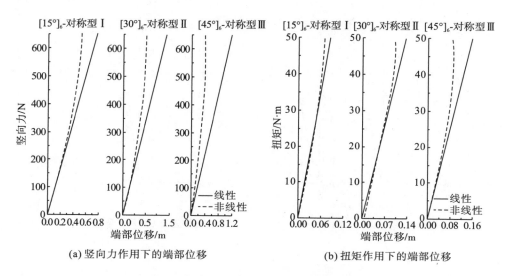

(a) 竖向力作用下的端部位移　　　　　　(b) 扭矩作用下的端部位移

图 6.6　对称型薄壁复合材料箱梁端部位移随自由端载荷的变化

6.3.4   非经典效应的影响

非经典效应包括截面翘曲、横向剪切变形等。式 (6.2) 中的最后一项表明，截面翘曲和 6×6 全耦合刚度矩阵需要考虑横向剪切变形。如果忽略横向剪切变形，则可通过三个步骤得到得到 4×4 折减刚度矩阵：①取 6×6 全耦合刚度矩阵的逆矩阵，得到柔度矩阵；②忽略柔度矩阵中一维广义横向剪应变对应的行和列，得到 4×4 折减柔度矩阵；③对 4×4 折减柔度矩阵求逆，得到 4×4 折减刚度矩阵。在此基础上，研究截面翘曲和横向剪切变形对薄壁复合材料箱梁的影响。

1）截面翘曲的影响

图 6.7 是截面翘曲对自由端竖向力和扭矩作用下对称型薄壁复合材料箱梁弯曲斜率和扭转的影响。可以看出，截面翘曲对扭转刚度系数 (d_{44})、弯曲刚度系数 (d_{55}、d_{66}) 和弯扭耦合刚度系数 (d_{45}、d_{46}) 均有影响。考虑截面翘曲的分析结果和试验有较好的吻合性。不考虑截面翘曲的结果一般小于其他两种结果，且随着铺层角度的增大，差异逐渐增大。忽略截面翘曲时，沿跨径方向坐标不同位置的弯曲斜率和弯曲导致的扭转将显著减小。

图 6.8 是截面翘曲对自由端扭矩和轴向拉力作用下反对称薄壁复合材料箱梁扭转的影响。同样，考虑截面翘曲的分析结果和试验有很好的相关性，大于未考虑翘曲的结果。忽略截面翘曲时，沿跨径方向坐标不同位置的扭转也显著减小。

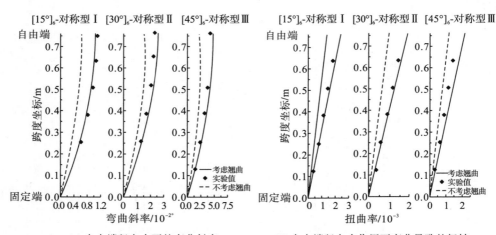

(a) 自由端竖向力下的弯曲斜率   (b) 自由端竖向力作用下弯曲导致的扭转

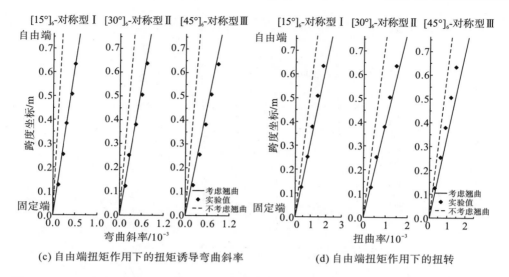

(c) 自由端扭矩作用下的扭矩诱导弯曲斜率　　　　(d) 自由端扭矩作用下的扭转

图 6.7　自由端竖向力或扭矩作用下对称型薄壁复合材料箱梁截面翘曲对弯曲斜率和弯曲导致扭转的影响

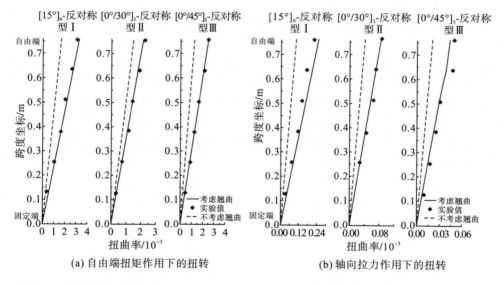

(a) 自由端扭矩作用下的扭转　　　　　　　(b) 轴向拉力作用下的扭转

图 6.8　自由端扭矩或轴向拉力作用下反对称型薄壁复合材料箱梁截面翘曲对扭转的影响

图 6.9 是截面翘曲对不同转速下对称型薄壁复合材料箱梁前三阶频率的影响,实线和虚线分别表示考虑或不考虑截面翘曲的计算结果。可以看出,考虑截面翘曲的固有频率与实验结果的相关性在 10%以内。不考虑截面翘曲时的固有频率明显高于考虑截面翘曲时的固有频率,且与实验结果有较大差异。其他考虑或不考虑截面翘曲的薄壁复合材料箱梁的计算结果与对称型 I 的结果相似。

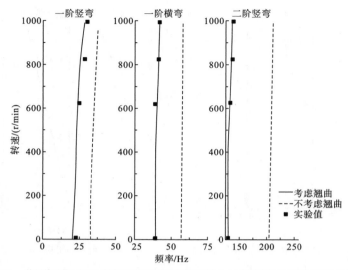

图 6.9   截面翘曲对不同转速下对称型薄壁复合材料箱梁前三阶频率的影响

2) 横向剪切变形的影响

大量研究表明,横向剪切变形的影响与梁长与截面尺寸的长宽比有关。Chandra 等(1990)对长径比为 56 的薄壁复合材料箱梁进行了试验,结果表明横向剪切变形对其静态变形影响不大。为了进一步研究横向剪切变形的影响,通过改变梁的长度来计算考虑或不考虑横向剪切变形的梁端变形。在自由端竖向力作用下,梁端部变形随长宽比的变化如图 6.10 所示,其中梁端部位移比的纵坐标定义为长宽比为 56 时的梁端部位移。可以看出,当长宽比从 56 逐渐减小时,梁端部位移比逐渐偏离 1,横向剪切变形对静态变形的影响更为显著。对于其他弹性耦合薄壁箱梁也观察到类似的结果。

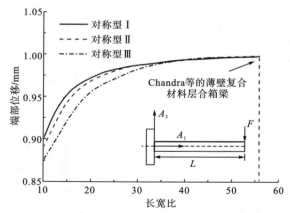

图 6.10   自由端竖向力作用下对称型薄壁复合材料箱梁端部位移随长宽比的变化

　　为了进一步研究横向剪切变形对固有频率的影响，通过改变梁的长度计算对称型 I 的前五阶竖向弯曲模态、前四阶横向弯曲模态和一阶扭转模态的固有频率误差，结果列于表 6.5。可以看出，固有频率的阶数越高，横向剪切变形的影响越大；梁长度越小，横向剪切变形对固有频率的影响越大。横向剪切变形对其他弹性耦合薄壁箱梁的固有频率也有类似的影响。

表 6.5　改变梁的长度后横向剪切变形对固有频率的影响误差比较 (%)

长度/m	一阶竖弯	二阶竖弯	三阶竖弯	四阶竖弯	五阶竖弯	一阶横弯	二阶横弯	三阶横弯	四阶横弯	一阶扭转
0.762	0.0	0.3	0.9	1.7	2.6	0.2	1.0	2.6	5.2	0.0
0.571	0.1	1.0	2.3	4.2	6.9	0.4	3.0	7.2	12.2	0.1
0.381	0.5	3.8	8.5	13.8	18.1	1.6	11.8	23.2	38.6	0.4
0.190	2.1	11.0	21.1	26.0	28.1	6.6	41.1	63.2	85.8	3.1

6.4　本　章　小　结

　　本章将广义 Timoshenko 梁理论扩展到考虑任意材料分布和大挠度复合材料箱梁的建模。计算结果表明，对称型薄壁复合材料箱梁中存在拉剪和弯扭弹性耦合，而反对称型薄壁复合材料箱梁中存在弯剪和拉扭弹性耦合。

　　截面翘曲对薄壁复合材料箱梁的静态变形和固有频率有显著影响。截面翘曲显著降低了复合材料箱梁的有效刚度。当忽略截面翘曲时，计算的静态变形减小，而固有频率显著提高。

　　横向剪切变形对复合材料箱梁静态变形和固有频率的影响与梁的长宽比有关。长宽比越大，横向剪切变形的影响越小；固有频率阶数越高，横向剪切变形的影响越大。当长宽比达到一定值时，横向剪切变形对静态变形和低阶固有频率的影响可以忽略不计，即用 4×4 折减刚度矩阵代替 6×6 全耦合刚度矩阵计算复合材料箱梁的静态变形和低阶固有频率。

主要参考文献

姜年朝, 张志清, 2007. 基于的复合材料旋翼桨叶动力分析玻璃钢复合材料[J]. 玻璃钢/复合材料, 2(4):42-44.

尹维龙, 向锦武, 2006. 弹性耦合对直升机复合材料桨叶稳定性的影响[J]. 复合材料学报, 23(4):143-148.

Chandra R, Chopra I, 1992. Experimental-theoretical investigation of the vibration characteristics of rotating composite box beams[J]. Journal of Aircraft, 29(4):657-664.

Chandra R, Stemple A D, Chopra I, 1990. Thin-walled composite beams under bending, torsional, and extensional loads[J].

Journal of Aircraft, 27(7):619-626.

Friedmann P P, Glaz B, Palacios R, 2009. A moderate deflection composite helicopter rotor blade model with an improved cross-sectional analysis[J]. International Journal of Solids and Structures, 46(10):2186-2200.

Hodges D H, 1988. Nonlinear composite beam theory [J]. Journal of Applied Mechanics, 55(1):156-165.

Hodges D H, 1990. A mixed variational formulation based on exact intrinsic equations for dynamics of moving beams [J]. International Journal of Solids and Structures, 26(11):1253-1273.

Hong C H, Chopra I, 1985. Aeroelastic stability analysis of a composite rotor blade[J]. Journal of the American Helicopter Society, 30(2):57-67.

Jung S N, Nagaraj V T, Chopra I, 2002. Refinined structural model for thin-and thick-walled composite rotor blades[J]. AIAA Journal, 40(1):105-116.

Smith E C, Chopra I, 1990. Formulation and evaluation of an analytical model for composite box beams[J].. Journal of the American Helicopter Society, 36(3):23-35.

Smith E C, Chopra I, 1993. Aeroelastic response, loads, and stability of a composite rotor in forward flight [J]. AIAA Journal, 31(7):1265-1273.

Song O, Librescu L, 1993. Free Vibration of anisotropic composite thin-walled beams of closed cross-section contour[J]. Journal of Sound & Vibration, 167(1):129-147.

第7章　结论及建议

　　本书基于多尺度变分渐近法,将变分渐近法扩展到具有复杂微观结构的非均匀材料和结构分析中,对实际工程结构和材料均匀化的一系列问题进行研究。重点在于代表性结构单元(RSE)分析,以预测复合材料结构的有效属性,并重构 RSE 内的位移场、应变场和应力场。

7.1　结　　论

　　当从原结构中选择 RSE 时,放松了矩形或长方体 RSE 具有配对节点以建立周期性边界条件的限制,为选择合适的 RSE 提供了更多自由度。只要可以将 RSE 识别为非均匀材料/结构的构建单元,均可以描述周期性边界条件并执行均匀化分析,大大扩展了均匀化理论在一般工程问题中的应用范围。

　　基于变分渐近法,建立了可在标准限元程序中实现的 FRP 层合梁渐近降维模型,为局部重构提供了新的思路。该理论将原 FRP 层合梁三维弹性问题转化为变分形式,适用于任意大位移和整体转动。然后,利用变分渐近法对未知三维翘曲函数进行渐近求解,分别得到经典模型(零阶近似)和渐近修正的精细模型(一阶近似)。最后,利用平衡方程将改进后的模型转化为广义 Timoshenko 梁模型(GTM),便于实际应用。通过 FRP 层合工字梁和箱梁的数值算例表明,GTM 得到的局部场分布与有限元分析结果吻合较好,但计算成本和建模工作量明显低于直接有限元分析。

　　基于变分渐近法推导波纹板 Kirchhoff-Love 模型,不需要引入现有文献中的大部分特定假设,可得到连续斜率和分段常数斜率波纹板有效刚度的解析解。其中,拉弯耦合刚度不一定为零,这将对均匀模型产生影响。分段常数斜率情况下,需要附加不连续边界条件描述。此外,可通过设置 $\varphi'=0$ 来从连续斜率结果中得到分段常数斜率的结果。另外,在变分渐近均匀化中使用 3 节点 C_1 连续曲线单元建立连续斜率的数值方法,以加快波纹结构的建模。

　　针对负泊松比复合材料夹芯板的各向异性和非均匀性,采用变分渐近法结合多尺度技术对其有效性能进行了分析。首先,在微观尺度上,通过渐近均匀化分析得到了单向纤维增强复合材料的有效性能,并将其作为层合板的性能指标。然后，在中尺度下，对典型单元进行渐近分析，根据结构的非均匀性，推导出复合材料夹层板的有效板性质(A、B 和 D 矩阵)。最后，分析了面板铺层方式和纤维体积分数对负泊松比复合材料夹芯板等效板性能的影响。数值计算结果表明，采用变刚度法计算的复合材料夹层板的三维响应与三维有限元模型一致，但计算效率更高。面板铺层方式对结构的等效板性能有很大的影响。此外，随着纤维体积分数的增加，整个结构的各向异性程度和负泊松比减小。

基于 Hodges 的广义 Timoshenko 梁理论，建立了任意材料分布、大挠度复合材料箱梁的几何精确非线性模型。用旋转张量分解概念计算变形梁中任意点的应变。然后，用变分渐近法确定任意截面翘曲。解利用平衡方程，由二阶渐近精确应变能导出广义 Timoshenko 应变能。利用 Hamilton 广义原理建立了几何精确非线性模型的运动方程。最后，将该模型应用于复合材料箱梁的静动态分析，并与试验数据进行对比，进一步研究了截面翘曲和横向剪切变形的非经典效应对组合箱梁的影响。结果表明，截面翘曲对复合材料箱梁的静态变形和固有频率有显著影响，横向剪切变形对复合材料箱梁静态变形和固有频率的影响与梁长宽比有关。

7.2　建　　议

如前所述，目前的研究重点是解决与实际工程结构和材料均匀化有关的几个问题。虽然多尺度变分渐近法具有强大的分析能力，但仍有一些问题值得研究和改进。

7.2.1　RSE 选择

关于 RSE 的研究，主要集中在将有限元模型中的周期性边界条件应用到一般工程问题中。虽然这个目标已经在算例中成功实现并得到证明，但仍有一些问题值得研究。

(1) RSE 的网格密度极大地影响有效属性。可以建立基于波动函数梯度的自动重新网格划分方法，节省工作量。

(2) 为验证 RSE 预测有效属性的准确性，通常需要收敛研究作为证明，无网格法在均匀化过程中提供更多自由度的选择。同时，可以更容易地应用周期性边界条件。

(3) 均匀化问题需要满足 Hill-Mandel 条件，而周期性边界条件是满足该要求的一种选择。一些混合边界条件的弱形态(无加强边界条件)也可以满足 Hill-Mandel 条件，从而可以消除边界条件求解困难。

7.2.2   波纹板均匀化

目前的均匀化理论只对波纹结构的经典板模型进行分析，并建立了相关的曲线单元，以得到单向波纹情况下的数值结果。建议如下：

在相对较厚情况下，波纹板的 Mindlin-Reissner 模型中需要考虑横向剪切变形，在有限元分析中需构建 C_0 壳单元。

波纹板的另一个重要应用是飞机机翼。由于机翼是由复合材料制成的，将这种方法扩展到复合材料波纹结构均匀化是非常重要的。

波纹夹层板在工业上得到广泛应用，获得其等效刚度也很重要，需要涉及两个小参数，即 RSE 的大小和面板的厚度。

由于商业有限元分析软件不能输入 ABD 刚度矩阵进行分析，因此需要直接利用 ABD 矩阵和其他边界条件的有限元分析求解器，以便最大限度地发挥构建方法的潜力。